우리 아이 지성과 감성을 키우는

존중 육아의 기적

우리 아이 지성과 감성을 키우는
존중 육아의 기적

초판 1쇄 인쇄 2019년 2월 25일
초판 1쇄 발행 2019년 2월 28일

지은이 김선녀
펴낸이 박수길
펴낸곳 (주)도서출판 미래지식
기 획 (주)엔터스코리아
편 집 김아롬
디자인 플러스

주 소 경기도 고양시 덕양구 통일로 140 삼송테크노밸리 A동 3층 333호
전 화 02-389-0152
팩 스 02-389-0156
홈페이지 www.miraejisig.co.kr
전자우편 miraejisig@naver.com
등록번호 제 2018-000205호

ISBN 979-11-965989-2-1 13590

이 도서의 국립중앙도서관 출판예정도서목록(CIP)은 서지정보유통지원시스템 홈페이지(http://seoji.nl.go.kr)와
국가자료공동목록시스템(http://www.nl.go.kr/kolisnet)에서 이용하실 수 있습니다.
(CIP제어번호: CIP2019005699)

미래지식은 좋은 원고와 책에 관한 빛나는 아이디어를 기다립니다.
이메일(miraejisig@naver.com)로 간단한 개요와 연락처 등을 보내주시면
정성으로 고견을 참고하겠습니다. 많은 응모 바랍니다.

우리 아이 지성과 감성을 키우는

존중
육아의
기적

김선녀 지음

RESPECTFUL CHILD CARE

미래지식

아이는 신이 주신
가장 귀한 씨앗이다

Respectful Child Care

35년 전, 우연한 기회로 유치원 운영을 시작하며 유아교육에 대해 본격적으로 알아가기 시작했다.

당시에 나는 어린 시절 농사일에 바쁘신 부모님을 대신해 넷이나 되는 동생들을 돌보고 결혼 후 딸아이를 낳아서 잠시 육아를 해본 것이 다였지만, 아이들을 무척 예뻐하고 좋아하는 마음 하나로 유아교육 분야에 뛰어들었다.

아이들과 함께하는 시간이 늘어갈수록 사랑하는 마음 외에도 아이들에게 더 많은 것을 해주고 싶다는 생각이 들었다. 고민 끝에 주간에는 유치원에서 아이들을 가르치고, 야간에는 대학에서 유아교육, 아동상담학, 치유상담학, 교육학, 선교학, 사회복지학, 행정학 등을 차례로 배워나갔다. 학교에서 배우고 교육 현장에서 발로 뛰며 실천하면서 내가 느꼈던 기쁨과 경이로움은 한 줄의 글귀로 분명하게 정리할 수 있다.

"아이는 신이 주신 가장 귀한 씨앗이다."

세상 모든 아이는 특별하고 존귀하다. 아직 어리고 제 힘으로 할 수 있는 것들이 많지 않아 자칫 미미한 존재로 보일지 모르지만, 모든 아이는 제 안에 저마다의 특별함을 가지고 태어난다. 그리고 가정과 교육 현장에서 올바른 방식으로 이끌어주면 타고난 잠재력을 한껏 꽃피워낸다.

신이 주신 가장 귀한 씨앗인 아이의 타고난 잠재력을 온전히 피워내기 위해서는 부모의 도움이 절대적으로 필요하다. 특히, 만 0~5세의 영유아기는 아이의 평생을 이끌어갈 지성과 감성, 자존감, 성품, 사회성 등이 완성되는 중요한 시기인 만큼 올바른 육아법과 교육법으로 아이의 성장을 도와야 한다.

올바른 육아법과 교육법은 아이의 타고난 기질이나 발달 단계에 따라 조금씩 다를 수 있다. 하지만 그 바탕에는 항상 '존중'의 마음이 깔려 있어야 한다. 일생에서 더없이 중요한 영유아기를 '애가 뭘 알겠어?', '말을 한다고 알아듣기나 할까?' 하며 무심히 흘려보내서는 안 된다. 아이의 가능성을 굳게 믿고 존중하며, 그것을 온전히 피워낼 수 있도록 최선을 다해 도와야 한다.

아이의 올바른 성장을 돕기 위해서는 먼저 영유아의 두뇌와 정서, 신체 등 기본적인 발달에 대해 알아야 한다. 똑같은 양육 행위라도 약이 되는 시기가 있고, 오히려 독이 되는 시기가 있다. 아이의 손을 꼭 붙잡고 함께 걸어주어야 하는 때가 있는 반면, 언제부터는 그 손을 슬쩍 놓아줌으로써 아이의 자립을 이끌어주어야 할 때가 있는 것이다. 이러한 아이의 발달 단계에 대한 존중 없이 무조건 부모 위주의 양육과 교육을 한다면, 아이는 타고난 잠재력이 사장될 뿐만 아니라 자존감에도 큰 상처를 받게 된다.

부모의 도움이 절대적인 만 0~2세의 시기에는 아이가 부르면 무조건 달려가서 안아주는 헌신적인 양육 태도가 필요하다. 이를 통해 아이는 부모의 사랑을 확신하고 안정적인 유대관계를 형성할 수 있다. 또한, 부모의 사랑을 확신한 아이는 자신을 소중한 사람으로 여기고 존중하는 근원적인 힘이 생기며, 세상을 즐겁고 신나는 곳으로 바라보는 긍정적인 시각을 갖는다.

자아가 발달하고 주도성이 생겨나는 두 돌 이후 아이들은 아이 스스로 해낼 수 있다고 믿고 기다려주며, 한 단계 더 높은 도전으로 이끌어주는 성숙한 양육 태도가 필요하다. 더불어 이 시기에는 아이의 올바른 품성과 가치관을 키우는 교육이 뒷받침되어야 한다.

존중받은 아이가 존중할 줄 안다

갓 태어난 아이를 보며 세상 모든 부모는 '더도 말고 덜도 말고 건강하게만 자라다오.' 하며 간절히 기도한다. 그런데 어쩐 일인지 아이가 자랄수록 부모의 바람도 함께 자란다. 올바르고 착한 품성, 똑똑하고 야무진 두뇌 등 어디서든 인정받고 칭찬받는 사람으로 성장하길 바란다.

부모의 이러한 바람은 너무나 당연하지만, 이 바람을 현실로 실현해내기 위해서는 반드시 지켜야 할 것이 있다. 아이에 대한 '존중'이다. 부모의 몸을 빌려 세상에 태어났지만, 아이는 부모와 독립된 하나의 온전한 생명체이자 인격체이다. 그 자체만으로도 존중받아 마땅하다.

> 아이의 타고난 잠재력을 온전히 꽃피우게 하려면,
> 아이와 함께 이 세상의 기쁨과 환희, 신비로움을 새롭게 발견하며,
> 그 경이로움을 나눌 수 있는 어른이 최소한 한 명은
> 늘 곁에 있어 주어야 한다.
>
> -레이첼 카슨-

해양생물학자이자, 환경운동가로 더 유명한 학자 레이첼 카슨 Rachel Carson의 이 말은 내가 35년간 아이들과 함께하며 한순간도 잊지 않은 중요한 교육 신념 중 하나이다. 레이첼 카슨은 자신이 자연에 대해 특별한 감성과 눈을 갖게 된 것 역시 어린 시절 어머니가 함께 해준 덕분이라고 말한다. 이것이 비단 자연에만 국한된다고 생각하지 않는다. 자신을 존중하고 함께해주는 부모가 있다면,

아이들은 모든 영역에서 타고난 잠재력을 온전히 발휘할 수 있다.

"아이를 집에 찾아오는 귀한 손님이라고 여기고 존중해주세요."

영유아기의 자녀를 둔, 혹은 곧 자녀를 만나게 될 부모들에게 항상 전하는 말이다. 귀한 손님을 맞이 하기 위해 정성을 다해 준비하고, 손님을 맞이한 뒤에는 손님의 편의에 세심하게 주의를 기울이듯, 자녀 역시 마찬가지로 소중하고 고귀하게 대하라는 의미이다.

부모가 아이를 존중해줄 때 비로소 아이도 자신을 소중한 존재라고 인식한다. 그리고 존중받는 아이는 타인을 존중할줄 안다. 내가 소중한 만큼 타인도 나와 다르지 않은 소중한 생명체이며 인격체임을 아는 것이다.

아이가 자기 자신과 세상을 따뜻한 시선으로 바라보고 도전의 즐거움을 아는 긍정적인 사람으로 성장하기를 바란다면, 부모는 아이의 가능성을 믿고 존중하며 올바른 방법으로 이끌고 기다려주어야 한다. 그렇게 아이의 모든 발걸음을 온전히 존중해주어야 한다.

지난 유아교육 현장에서 얻은 깨달음과 교육자로서 신념, 철학을 토대로 아이의 타고난 잠재력을 마음껏 펼칠 수 있게 돕는 안내서를 집필했다. 아이들을 훌륭하게 키워내는 것은 뛰어난 이론가가 아닌 열정적인 실천가이다. 나는 이 책을 읽는 모든 독자가 육아에 대한 해박한 지식을 쌓는 것보다는 실천으로 한걸음 내딛기를 소망한다. 또한, 그 걸음이 지치지 않고 지속적으로 이어지기를 바란다. 아이에 대한 사랑과 존중이 굳건한 믿음과 실천으로 이어진다면, 세상 모든 아이는 저마다의 능력을 펼치며 행복한 삶을 살아갈 수 있다.

이 책이 세상에 나오기까지 많은 사람의 도움을 받았다. 내가 얻은 유아교육에 대한 소중한 경험들을 글로 엮을 수 있었던 행운은 결코 나 혼자만의 능력으로 이룬 게 아니었다.

"엄마! 나를 어떻게 키웠어요? 나도 내 딸들을 나처럼 키우고 싶어요."라며 끊임없이 힘을 준 사랑하는 내 딸 유혜미(2005년 미스코리아 미 한국일보/ Miss Earth 한국 대표), 멋지고 자랑스러운 사위 송재호, 눈에 넣어도 아프지 않을 손녀 희원이를 비롯해 세상 무엇보다 소중한 가족들에게 감사한다.

내 삶의 후반전을 멋지게 디자인할 수 있도록 길잡이가 되어주신 3P 자기경영연구소 강규형 대표님, 최 에스더 마스터님, 책을 쓰고 싶다는 막연한 바람을 실천으로 이끌어주신 ㈜엔터스코리아 양원근 대표님과 박보영 팀장님, 늘 내게 열정과 자극을 불어넣어 주시는 마포나비의 모든 멘토께 감사의 마음을 전한다.

그동안 유아교육 현장에서 나와 함께했던 모든 선생님, 그리고 나의 교육 철학에 공감하며 열정적으로 아이들을 이끌어주는 리틀아이비어학원(영유)의 모든 교사와 임직원들, 그리고 학부모님들께도 감사의 마음을 전한다.

지은이 김선녀

9

자녀와 손녀를 영재로 키운 특별한 육아 경험과 노하우

'엄마, 카톡 그만하고 나와 놀아줘!'

사진 속 아이의 간절한 눈빛과 더불어 신문의 카피 한 줄이 내 마음을 아프게 했다. 부모가 아이들과 대화하는 시간이 하루 평균 13분이라고 하니, 아이는 얼마나 부모의 사랑이 고팠을까. 아이를 낳았다고 모두 부모가 되는 것은 아니다. 부모는 아이가 그 본연의 모습을 온전히 꽃피워낼 수 있도록 최선을 다해 도와야 한다. 이를 위해서 부모는 아이에게 충분한 관심과 사랑을 표현해주어야 한다.

자녀를 영재로 키운 어느 교육 전문가는 아이의 평생 교육비 중 80%를 생후 72개월까지 사용하라고 권한다. 이는 아이의 평생을 좌우할 결정적인 시기로, 영유아기의 중요성을 강조하는 저자의 생각과도 일치한다. 더불어 저자의 행동과 실천, 그를 통해 맺은 열매도 같은 방향을 가르키고 있다.

저자의 딸은 미스코리아 출신이자 기업가인 유혜미 대표이다. 그녀는 눈부신 아름다움은 물론이고, 내면이 사려 깊고 지혜로우며 겸손함까지 갖춘 인물이다. 또한, 그녀는 자녀 셋을 낳고도 학업을 이어갔고, 세계시장을 향한 도전을 통해 사업가로서의 입지도 다져나가고 있다. 나는 유혜미 대표의 이러한 진취적인 기질과 긍정적인 성향이 그 어머니인 저자의 훌륭한 양육과 교육 덕분이라고 생각한다.

이 책에는 자녀와 손녀를 영재로 키워낸 소중한 육아의 경험뿐만 아니라 영어학원 원장, 대형교회 교육전도사로서의 수십 년 갈고닦은 현장 교육의 노하우를 아낌없이 담았다. 결혼을 앞둔 신랑, 신부, 태교 중인 부모, 만 0~5세의 자녀를 양육하는 엄마와 아빠라면 꼭 읽어야 할 필독서다. 그리고 장차 손자, 손녀를 올바르게 키우고 싶은 예비 할머니와 할아버지를 위한 훌륭한 육아 지침서이기도 하다.

3P자기경영연구소 대표 | 독서포럼나비 회장

독서 혁명가 강규형

아이의 행복한 미래를 만드는 존중 육아법

유대인의 민족 결정 기준은 어머니가 유대인인지 여부에 따른다.
유대인들은 어머니의 품에서 양육되는 영유아기의 교육이 매우 중요
하고 절대적임을 알기 때문이다.

이 책의 저자는 어머니로서, 선생님으로서 35년간 영유아의 교육
환경과 성장에 관심을 가지고 양육을 지도하며 뚜렷한 소신을 가지
고 아이를 위한 교육을 펼쳐왔다. 그런 저자의 노하우를 담은 이 책
은 이제 막 엄마 아빠가 된 새내기 부모나 아이들을 키우고 교육하는
데 어려움을 느끼는 부모들에게 주옥같은 정보를 제공해주는 유익한
안내서이다.

지식과 감정과 의지를 가진 인격체인 사람이 인생을 행복하게 살아
가기 위해서 가장 중요한 것은 건강한 지식, 안정적인 감정 그리고 그
지식과 감정 위에 세워진 강하고 긍정적인 의지를 소유하는 것이다.

저자는 영유아가 독립된 지능과 감정과 의지를 가진, 그래서 존중
받아야 할 인격체라는 것을 충분히 이해하고 교육으로 실천하고 있다.

그래서 만 0~5세에 알맞는 신체와 감성의 균형 성장의 필요성과 그 방법을 다루고 있다. 그리고 대화와 독서 등 언어교육을 통한 사고력과 창의력의 균형 성장, 더 나아가 영유아기에 외국어 교육의 중요성과 외국어를 습득하는 방법을 담았다. 그리고 이를 통한 글로벌 인재 양육이라는 목표를 제시한다.

이 책은 건강하고 균형 있는 인격체로서의 영유아가 30년 후 그 세대의 지도자로 서야 한다는 미래형 지도자상을 제시하고 있다. 그래서 오늘날 아이들의 양육을 책임진 부모들이 반드시 읽고 실천해야 할 지침서이다.

독일 뮌스터대학 신학박사(과정) | 성심교회담임목사

목사 장호철

차례 c o n t e n t s

PART 05. 발달 단계 존중으로 글로벌 인재를 키우기

PART 06. 존중 육아로 문제 행동 교정하기

PART 01

안정 애착으로
건강한 자아존중감
키우기

존중감의 기본은
사랑을 충분히
표현하는 것

"은호 때문에 속상해 죽겠어요!"

오랜만에 은호 엄마네 집을 방문했다. 가깝게 지내는 사이지만 집을 방문한 지는 꽤 되었다. 반갑게 인사를 나눈 지 얼마 되지 않아 은호 엄마는 아들에 대한 불만을 털어놓았다. 고등학교 1학년인 은호는 전교에서 상위권을 다툴 정도로 공부를 잘한다. 하지만 은호 엄마는 만족할 수 없다고 했다.

"조금만 더 하면 S대에 들어갈 안정적인 실력이 될 텐데, 왜 저렇게 게으른지 모르겠어요."

대화를 나누던 중 은호가 집에 들어왔다. 은호가 나를 알아보고 인사하자마자 은호 엄마의 날카로운 목소리가 날아들었다.

"지금 학원 다녀온 거 맞지? 이번에도 성적이 그렇기만 해봐라."

은호는 엄마의 말이 끝나기도 전에 조용히 자기 방으로 들어가 문을 닫았다.

"은호 엄마, 은호한테 자꾸 왜 그래요?"

"다 은호를 위해서, 사랑해서 그러죠. 내가 저를 안 사랑한다면 왜 혼을 내고 화를 내겠어요? 우리 은호도 엄마가 자기를 세상에서 제일 사랑한다는 거 다 알아요."

은호가 안쓰러워 나는 슬쩍 편을 들며 나섰다. 하지만 돌아온 대답은 예상대로 '사랑해서'였다.

"매사에 시큰둥하고 의욕도 없고……. 우리가 저를 얼마나 애지중지하며 키웠는데, 부모한테 사랑 한 번 못 받아본 애처럼 늘 주눅이 들어서는……."

은호 엄마는 닫힌 방문을 바라보며 못마땅한 듯 연신 고개를 내저었다.

"부모님은 저를 사랑한다고 하시지만 정작 저는 그 마음을 한 번도 느낀 적이 없어요. 부모님은 저를 사랑하는 것이 아니고 저의 성적을 사랑하는 것 같아요."

오래 전 나를 찾아와 자신의 속마음을 털어놓던 은호의 슬픈 얼굴이 떠올라 마음이 안타까웠다.

사랑에도 존중이 필요하다

세상에서 아들을 제일 사랑한다는 은호 엄마, 그런 엄마의 마음을 느끼지 못하는 은호, 이들의 사랑이 엇갈려버린 이유는 무엇일까? 넘치게 사랑을 주었지만, 상대의 상황과 마음은 전혀 존중하지 않았다는 게 문제이다.

은호 가족을 오랫동안 가까이에서 지켜보면서 나는 늘 은호 부모의 양육 태도에 아쉬움이 컸다. 은호는 어릴 때부터 부모의 높은 교육 기준에 따라 양육되었다. 은호의 부모는 자타가 공인하는 엘리트였다. 그들은 아이를 위한다는 명분으로 아이의 학업 실력을 갈고닦는 데만 초점을 맞췄다. 아이가 무엇을 느끼고 무엇이 필요한지에 대한 관심보다는, 자신들이 원하는 수준에 맞게 아이가 자라주길 바랐다. 그 과정에서 화를 내고 혼을 내는 것을 당연한 일처럼 여겼다. 그 결과, 은호와 부모님 사이에는 깊은 골이 생기고 말았다.

사랑에도 존중이 필요하다. 내 입장에서 내 방식으로 사랑하는 것이 상대에게 온전히 전해지리라 믿는 것은 욕심이다. 정말 사랑한다면 그 마음과 표현을 상대의 방식에 맞춰야 한다. 존중이 우선시 되는 사랑은 청소년뿐만 아니라 성인과 아이 등 모든 사람에게 필요하다. 하물며 부모 외에는 믿을 구석이라곤 하나도 없는 영유아들은 세상 더없이 연약한 존재가 아닌가. 이런 아이의 마음과 처지에 대한 존중 없이 무작정 부모 입장의 사랑을 쏟아붓는 것은 자칫 엇갈린 사랑이 될 수 있다.

영유아들의 감정은 명쾌하다. 기본적인 본능 외에 자기 몸을 지킬 능력을 갖추지 못하고 태어난 아이들은 세상 모든 것이 낯설고 두렵다. 그래서 자신을 돌봐주고 보호해주고 지켜줄 누군가가 간절하다. 이 세상은 안전한 곳이라고 확신을 주는 그 누군가와의 긴밀한 교감, 아이들에게는 그게 곧 사랑이다.

무언가가 필요할 때 그것을 눈치채고 곧장 달려와 줄 사람, 그 어떤 위기의 순간에도 무조건 지켜줄 사람, 아이에게는 그 사람이 사랑이고 세상이다. 엄마이든 아빠이든 할머니이든, 그렇게 자신을 지켜줄 단 한 사람만 있어도 아이는 똑똑하고 건강하고 바르게 자랄 수 있다.

부모의 따뜻한 사랑이 절대적이었던 영유아기에 은호는 부모에게서 사랑의 확신을 얻지 못했다. 그 시절, 은호에게 필요했던 것은 어디서든 반듯하고 의젓하기를 기대하는 엄격한 부모가 아니었다. 언제 어디서든 자신의 편에 서서 포근하게 보듬어줄 수 있는 따뜻한 사랑이 있는 부모였다.

부모의 사랑을 확신한 뒤에야 아이는 비로소 세상을 향해 씩씩하게 나아갈 수 있다. 최고의 교육과 환경도 부모의 사랑을 확신한 후에야 비로소 아이에게 긍정적인 약으로 쓰인다. 존중이 담기지 않은 사랑이 독이 될 수 있음을 안다면, 부모 방식이 아닌 아이의 방식에 맞게 그 마음을 전해야 한다.

안정 애착은 건강한 성장의 첫걸음

영국의 정신분석학자 존 볼비John Bowlby를 비롯한 많은 학자는 영유아가 주 양육자에게 느끼는 사랑에 대해 '애착'이라는 표현을 사용한다. 그리고 애착을 '영유아가 엄마(주 양육자)와 형성하는 친밀한 정서적 유대로, 엄마가 나를 지켜주고 위해주기를 바라는 본능적인 욕구'라고 정의한다.

이후 여러 학자는 영유아의 애착과 관련한 실험과 연구를 통해 애착 이론을 더욱 탄탄하게 정리했고, 애착의 유형도 체계적으로 구분했다. 연구에 의하면 아이들은 태어나는 순간부터 엄마와 애착 관계를 형성해 나가고, 아이가 무언가를 요구할 때 엄마가 어떻게 반응하느냐에 따라 애착의 유형이 정해진다고 한다.

엄마가 아이의 요구를 잘 이해하고 민첩하게 만족시켜주면 아이는 자신이 안전하게 잘 보호받고 있다고 느끼며 '안정 애착'을 형성한다. 하지만 엄마가 아이의 요구를 무시하거나 늦장을 부려 아이가 만족감을 느끼지 못하면, 아이는 자신이 안전하지 못하다고 여긴다. 가장 가까이에 있는 엄마조차도 나를 보호해주지 않는다는 마음에 '불안정 애착'이 형성되는 것이다.

엄마의 입장에서는 다소 의아할 수도 있다. 아이들의 요구를 무시하거나 늦게 해결해준다고 해서 아이가 불안해한다는 것이 선뜻 이해가 안 된다. 하지만 아이의 입장에서는 배고픔, 추위, 불쾌함, 시끄러움 등 오감을 통해 느껴지는 불편함이나 고통이 절대적인 두려움으로 와 닿을 수 있다. 그 정도의 고통으로는 무슨 일이 생기지 않는다는 것을 알지 못하기에 아이는 자신이 느끼는 불편함이나 고통을 안전과 생명을 위협하는 요소로 인식한다. 이러한 아이의 처지를 이해하고 존중한다면, 엄마는 아이의 요구에 즉각적으로 반응하며 긍정적인 태도로 상호작용을 해주어야 한다.

건강한 애착은 마음을 편안하게 해주어 정서를 안정시켜줄 뿐만 아니라 두뇌 발달에도 큰 도움이 된다. 학자들은 영아들이 성장하고 성인에 이르는 과정에 대한 추적 연구를 통해 어린 시절에 부모와 건강한 애착을 형성한 아이는 정서적인 안정감을 얻는 것은 물론이고 사고력, 창의력, 상상력 등의 인지능력 또한 활발하게 발달한다는 것을 밝혀냈다. 정서적으로 안정된 아이는 끊임없이 주변을 탐색하며 사고, 기억, 학습, 추리, 공감 능력과 관련이 있는 전두엽과 편도체를 안정적으로 발달시켜 나가기 때문이다.

"부모가 아이를 기민하게 만족시켜주면 아이는 안전하다고 느끼며 '안정 애착'을 형성한다."

"안정 애착은 아이의 정서를 안정시켜주고 두뇌 발달에도 도움이 된다."

안정 애착을 형성한 아이는 호기심이 넘치고 모험을 즐기며 도전 정신도 뛰어나다. 부모와의 안정적인 관계를 통해 부모를 자신의 '안전기지Secure Base'로 여기며 적극적이고 활달하게 세상을 탐색하고 도전하기 때문이다. 언제 어디서든 나를 지켜줄 사람이 있으니 아이에게 세상은 두려운 곳이 아닌 신기하고 궁금한 곳이다. 그러니 마음껏 호기심을 펼치고, 그 호기심을 충족시키기 위해 열심히 탐구하고 상상하며 도전한다.

반면, 부모와의 애착이 불안정한 아이들은 두뇌 발달도 생기를 잃는다. 불안감과 불쾌함 등으로 마음이 불안정하니 늘 스트레스 상태에 놓인다. 이때 아이의 몸에서는 스트레스에 반응하는 물질인 코르티솔이 비정상적으로 증가하는데, 코르티솔이 증가하면 인지 기능, 정서 기능 등을 관장하는 전두엽, 해마편도체, 백색질 등의 발달을 저해한다. 그리고 이는 두뇌 발달뿐만 아니라 정서적으로도 불안장애, 사회성 결여 등과 같은 심각한 문제를 일으킬 확률이 높다. 그래서 영유아기 때 부모는 아이와 안정적인 애착 관계를 형성할 수 있도록 각별한 관심과 노력을 기울여야 한다.

늘 섬세하고 기민하게 보살펴라

언젠가 손녀를 데리고 놀이터에 나갔다가 유모차 안에서 울고 있는 아이를 본 적이 있다. 6개월 전후로 보이는 아이였는데, 어디가 불편한지 계속 칭얼대며 울고 있었다.

다행히 아이 엄마는 유모차 가까이에 있는 벤치에 앉아 있었다. 그런데 울음으로 도와달라는 신호를 보내는 아이와는 달리 스마트폰을 들여다보며 꽤 느긋한 태도를 보였다.

"아이가 어디가 많이 불편한 모양이에요. 아까부터 계속 우네요."

보다 못한 나는 아이의 엄마에게 슬쩍 눈치를 줬다.

"괜찮아요. 그냥 두면 조금 울다가 금세 잠들어요. 잠투정이 심해서 그래요."

틀린 말은 아니지만 이는 철저히 엄마 입장에서의 해석이다. 칭얼거리거나 울던 아이도 시간이 지나면 언젠가는 울음을 멈추고 잠이 들기 마련이다. 이것을 두고 '아이가 울어도 그냥 두면 스스로 알아서 잘 잔다.'라고 해석해서는 안 된다.

애착 이론의 연구자 중 한 명인 페넬로페 리치Penelope Leach 박사는 아이가 울다가 잠이 드는 것은 스스로 마음을 진정시키고 잠이 드는 법을 익혀서가 아니라, 도움을 받지 못한 것에 대해 실망하고 지쳐서 잠이 든 것이라고 한다. 아이의 건강한 정서와 두뇌를 생각한다면 아이의 신호를 무조건 존중해주어야 한다. 아이는 도움을 요청하는 자신의 간절한 신호를 부모가 외면한 것에 대해 상처받고 좌절한다. 그리고 이러한 경험이 반복되면 아이는 부모를 신뢰하지 못하고 세상을 두려운 곳으로 인식한다. 아이의 정서와 뇌 발달에 부정적인 영향을 주는 불안정 애착이 형성되는 것이다.

그렇다면 부모가 어떻게 해야 아이가 안정 애착을 형성할 수 있을까? 안정 애착이 형성되기 위해서는 반드시 지켜야 할 세 가지 원칙이 있다.

첫 번째 원칙은 아이가 원하는 것을 섬세하게 파악해서 존중해주는 것이다. 말문이 트이기 이전까지 아이는 표정, 몸짓, 울음 등 다양한 비언어적 표현을 통해 엄마에게 자신의 의사를 전한다. 덕분에 육아에 익숙하지 않은 초보 부모는 하루에도 몇 번씩 난감한 상황을 맞는다.

"배가 고픈 건가? 아니면 기저귀가 축축한가? 그것도 아니면 도대체 뭐지?"

아이의 표정과 행동, 울음소리 등으로 그 의미를 정확하게 파악할수 있다면 더없이 좋을 것이다. 하지만 비언어적인 표현을 정확히 이해하기란 생각만큼 쉽지 않으니 일단은 아이의 상태를 세심히 살펴야 한다. 아이는 자신의 신호에 부모가 반응하고 해결하려고 노력하는 과정을 통해 심리적인 안정감을 느낀다.

두 번째 원칙은 아이의 요구에 가능한 빨리 응대해주는 것이다. 아이의 신호를 파악했지만, 즉시 해결해줄 수 없는 상황도 더러 있다. 몸이 너무 피곤해서 잠깐만 더 누워있고 싶다거나, 하던 집안일을 마저 마무리 짓는다거나, 중요한 전화를 중간에 끊을 수 없어서 아이의 요구를 후순위로 슬쩍 미뤄두기도 한다.

기껏해야 5~10분인 그 짧은 시간에 큰 문제가 생기는 것도 아니니 부모는 아이가 기다려줄 수 있을 것이라 생각한다. 하지만 아이의 입장은 다르다. 아이는 부모가 당장 달려와서 해결해주지 않으면 몸이 느끼던 불편함과 불쾌함이 정서의 영역으로 넘어와 공포와 불안으로 바뀌게 된다. 그래서 울음소리가 점점 커지고 절박해지다가 급기야는 금방이라도 숨이 넘어갈 듯이 자지러지게 울어댄다.

아이가 신호를 보내면 최대한 서둘러서 반응해주고, 즉시 해결해주기가 힘든 상황일 때는 "우리 00이가 많이 불편한 모양이구나. 엄

31

마가 금방 해결해줄게."처럼 부모의 목소리라도 우선 들려주어 아이를 안심시켜주는 것이 좋다. 그러고는 가능한 한 민첩하게 아이의 요구에 응해주려 노력해야 한다.

세 번째 원칙은 일관성을 유지하는 것이다. 행동에 일관성이 없다면 아이는 부모를 신뢰하지 못한다. 부모의 기분이나 상황에 따라 들쑥날쑥하게 응대하는 것은 아이에게도 혼란을 준다. 이를테면 어떨 때는 아기가 얼굴을 찡그리기만 해도 안아주고 어르다가 어떨 때는 울어도 안아주지 않고 그냥 내버려 둔다면 아이도 혼란스러울 것이다.

부모도 사람이기 때문에 일관성 있는 양육 태도를 유지하기가 힘들다. 갑작스러운 상황이 닥치기도 하고, 감정의 기복을 다스리기 어려울 때도 많다. 그러나 힘이 들더라도 내 아이의 건강한 정서를 위해 일관성 있는 태도를 유지하도록 노력하자. 언제든 무슨 일이 생기면 부모가 무조건 나를 향해 달려올 것이란 확신은 아이가 부모와 안정적인 애착을 형성하는 데 가장 큰 힘이 된다.

〈안정 애착 형성을 위한 3가지 원칙〉

하나, 아이가 원하는 것을 섬세하게 파악해 존중해준다.

둘, 아이의 요구에 가능한 빨리 응대해준다.

셋, 일관성을 유지한다.

부모의 따뜻한 보살핌을 받으며 자라서 안정 애착이 형성된 아이는 부모가 옆에 없어도 크게 불안해하지 않는다. 그리고 부모가 없는 공간, 즉 어린이집이나 유치원, 학교에 가서 다른 사람들과 함께 있어도 불안해하지 않는다. 눈에 보이지는 않지만 언제든 부모가 와줄 것이란 확실한 믿음을 가지고 있기에 불안해할 이유가 없다. 그리고 이러한 경험이 반복되면 아이는 또래 친구는 물론이고 선생님이나 다른 어른들과도 편안하게 잘 어울리며 사회성도 좋아진다.

그뿐만 아니다. 아이는 부모에게 자신이 보호받고 사랑받고 있다는 확신을 통해 자신을 소중한 사람, 귀한 사람으로 인식해간다. 단단한 자존감이 형성되는 것이다. 덕분에 늘 자신을 사랑하고 존중하며, 긍정적이고 자신감 있는 태도로 삶을 살아간다.

이처럼 부모와의 안정 애착을 통해 아이는 건강한 정서와 두뇌, 단단한 자존감 그리고 사회성까지 키워갈 수 있다. 자신을 늘 최우선으로 여기며 존중해주던 부모의 깊은 사랑이 탄탄한 뿌리가 되어 아이의 마음을 올곧게 지탱해주기 때문이다.

손 타는 아이로
키우자

배고픔을 해결해줄 우유를 주지만 차가운 금속 갑옷을 입은 엄마와 우유를 주지는 않지만 부드러운 피부 촉감을 전하는 엄마 중 아이들은 누구를 더 좋아할까?

심리학자 해리 할로우Harry Harlow 박사는 '헝겊 엄마 철사 엄마 원숭이 실험'을 통해 새끼 원숭이는 당장의 배고픔을 해결해줄 차가운 철사 엄마보다 포근한 촉감을 느끼게 해주는 따뜻한 헝겊 엄마에게 깊은 애착을 형성한다는 것을 밝혀냈다.

해리 할로우 박사는 철사로 만들어진 철사 엄마와 부드러운 수건으로 만들어진 헝겊 엄마를 나란히 두고, 철사 엄마에게만 우유병을 부착해두었다. 두 엄마를 한 공간에서 동시에 만난 새끼 원숭이는 우유를 먹을 때만 잠시 철사 엄마에게 갔고, 하루의 대부분을 헝겊 엄마 옆에서 지냈다. 심지어 헝겊 엄마에게 매달려 철사 엄마의 우유를 먹기도 했다. 피부로 느껴지는 감촉보다 먹을 것에 더 집착해 철사 엄마를 선호할 것이라던 애초의 예상을 뒤엎는 결과였다.

새끼 원숭이들은 헝겊 엄마의 품에서 내려와 조심스레 주위를 탐색하다가도 갑자기 낯선 물체가 다가오면 후다닥 헝겊 엄마에게로 달려가 품에 쏙 안겨들었다. 그러고는 마음의 안정을 되찾을 때까지 한참을 헝겊 엄마에게 안겨 있었다.

해리 할로우 박사는 철사 엄마와 헝겊 엄마를 서로 다른 공간으로 분리하고, 각각 엄마와 지내는 새끼 원숭이들의 모습도 관찰해보았다. 철사 엄마와 함께 있는 새끼 원숭이들은 재미있는 장난감이 있어도 전혀 탐색 활동을 하지 않고 불안하고 위축된 모습을 보였다. 이에 비해 헝겊 엄마와 함께 있는 새끼 원숭이들은 천천히 주변을 탐색하고 장난감에 관심도 보였다. 언제든 달려가 안길 수 있는 헝겊 엄마가 옆에 있으니 두려움 없이 주위를 탐색하고 놀이를 즐기는 모습을 보였다.

풍부한 스킨십으로 사랑을 표현하기

"아이가 울면 안아줘야 할까요? 그냥 두어야 할까요?"

칭얼대고 울던 아이도 엄마가 안아서 몇 번 보듬어주면 언제 그랬느냐는 듯이 울음을 멈추곤 한다. 그래서인지 이런 일이 반복되면 아이는 '엄마가 안아줘야지만 울음을 멈추는 아이', 심지어 '엄마에게 안기고 싶어서 일부러 우는 아이'라는 오해까지 받게 된다.

아이가 운다고 자꾸 안아주면 '나쁜 버릇이 든 아이', '손 탄 아이'가 된다며 울어도 그냥 내버려 두라고 조언하는 분들도 있다. 어린아이에게 지나치게 많은 관심을 주면 엄마가 돌보기 힘들어진다는 것이다. 물론 적절한 균형은 필요하겠지만, 양육자가 스킨십을 많이 하는 것과 많이 하지 않는 것 둘 중에 하나를 꼭 골라야 한다면 스킨십을 많이 하는 것을 선택하자.

내 아이가 몸도 마음도 건강하게 자라길 바란다면 울 때 그냥 내버려 두는 것이 아니라 반드시 잘 살펴주어야 한다. 아이들은 다양한 이유로 울음을 터뜨린다. 배고픔, 불쾌함, 불편함, 고통 등 여러 이유로 스트레스가 발생하면 아이의 몸은 코르티솔을 급격하게 분비하고, 코르티솔의 과도한 분비는 정서적인 불안감을 일으켜 저도 모르게 본능적으로 울음을 터뜨린다.

아이는 기저귀를 갈아주고 우유를 먹여주는 등 생존에 필요한 기본적인 물리적 양육 외에도 스킨십, 따뜻한 시선과 같은 감성적인 만족이 필요하다. 그래서 당장의 불편함을 해결해주는 것 외에도 반드시 따뜻한 스킨십으로 아이의 마음을 편안하게 해줄 필요가 있다.

헝겊 엄마의 실험에서도 알 수 있듯이 피부를 쓰다듬는 것만으로도 아이는 마음의 안정과 행복감을 느낀다. 불안을 느낀 아이를 부모가 즉시 안아주고 쓰다듬어주는 등 따뜻한 스킨십을 해주면 아이의 뇌에서는 옥시토신이라는 신경전달물질이 나온다. 옥시토신은 코르티솔의 분비를 다스려 신경계를 다시 안정시키는 역할을 하는데, 이로써 아이는 평온함을 되찾고 울음을 멈춘다.

스트레스를 완화시켜 마음을 평온하게 해주는 것 외에도 옥시토신은 부모와 아이의 안정 애착 형성에 아주 중요한 역할을 한다. 옥시토신이 많이 분비될수록 사람에 대한 애정과 신뢰감이 높아져서 애착 형성이 더 빠르고 건강하게 이루어질 수 있다. 또 옥시토신은 행복 호르몬으로 불리는 세로토닌의 분비를 활성화시켜 행복감도 더욱 커진다.

피부를 가볍게 쓰다듬고 토닥여주는 행위만으로도 이렇듯 많은 긍정적인 효과들이 있는데 잘못된 오해로 아이와의 스킨십을 아낀다면 아이의 건강한 성장이 위협받을 수 있다.

"아이는 생존에 필요한 물리적 양육 외에도 감성적인 만족이 필요하다."

"스킨십은 정서적 안정은 물론 행복감까지 준다."

우리가 정말 걱정해야 하는 것은 아이가 부모의 손길을 거부하는 '손 타지 않는 아이'가 되는 것이다. 실제로 부모와 불안정 애착이 형성된 아이들 중에는 부모의 손길을 거부하는 경우도 있다. 부모가 평소에 아이를 거부하고 밀어내는 행동을 많이 하면, 아이는 부모를 신뢰하지 못하고 친밀감도 낮아 부모가 손을 내밀어도 피하고 거부한다. 부모와 아이의 신뢰감과 친밀도는 사소한 행위 하나하나가 쌓여

돈독해진다. 아이가 자신을 소중한 사람으로 여기며, 사람과 세상에 대한 애정, 신뢰 그리고 행복감이 커질 수 있도록 오늘 아이를 한 번 더 안아주자!

하루 5분 마사지로 사랑을 전하기

짜증이 심한 아이, 잠투정이 심한 아이, 성장이 더딘 아이, 잔병치레가 잦은 아이, 자다가 깨는 아이들에게 모두 통하는 만병통치의 처방이 있다. 다름 아닌 부모의 정성 어린 마사지이다.

소아청소년과·소아신경과 전문의인 김영훈 교수는 저서 《영재 두뇌 만들기》에서 마이애미 주립대학 피부접촉연구센터의 연구 결과를 소개했다. 연구 결과에 따르면, 엄마의 애정 가득한 손길로 마사지를 받은 아이는 그렇지 않은 아이와 비교할 때 체중도 쑥쑥 증가하며, 면역 세포가 늘어 면역력도 강화되었다. 또 스트레스 호르몬이 감소해 정서적으로 안정되는 것은 물론이고, 잠을 잘 때도 잠투정이 줄고 잠을 깊이 잘 수 있었다.

얼굴부터 가슴, 배, 등, 팔과 다리, 손과 발에 이르기까지 아이의 온몸을 골고루 마사지해주는 것은 긍정적인 심리 효과뿐만 아니라 원활한 혈액 순환과 근육 이완 등 건강에도 좋다.

마사지는 하루 5~10분 정도가 적당하며, 그 시간 동안 부모는 아이에게 다정한 목소리로 이야기를 건네고 미소를 지으며, 마치 놀이를 하듯이 편안하고 즐거운 분위기로 마사지를 해야 한다.

마사지가 최고의 효과를 발휘하기 위해서는 시간이나 기술보다는 서로 애정을 교감하는 것이 가장 중요하다. 아이의 온몸을 골고루 마사지하는 동안 부모는 아이와 눈을 맞추고 다정한 목소리로 말을 건네며 아이를 얼마나 사랑하는지 충분히 표현해준다. 그래야지만 아이는 부모의 애정에 대해 확신하고 자신의 온몸을 편안하게 맡긴다.

마사지는 태어나는 그 순간부터 가능한데 3개월까지는 몸 전체보다는 팔, 다리, 손, 발을 부드럽게 쓰다듬는 정도가 좋다. 이 시기는 쓰다듬는 것만으로도 충분히 마사지 효과가 있다.

4개월 이후부터는 아이의 움직임과 주된 근육 활동을 고려하여 마사지 부위를 점차 확대해 가고, 활동량이 많아진 팔과 다리는 가볍게 잡고 위아래로 쭉쭉 쓸어주고, 토닥토닥 두드려주면 좋다.

마사지는 매일 꾸준히 해주는 것이 좋지만, 컨디션이 좋지 않다면 억지로 할 필요는 없다. 마사지는 부모와 아이에게 의무적으로 해야 하는 숙제가 아닌 더 행복하고 즐겁기 위한 행위이기에 서로의 컨디션을 존중해야 한다. 또 식사 후나 수면 중은 피하며, 마사지 도중에라도 아이가 불편해한다면 강도와 속도를 조절해보고, 그래도 안 된다면 즉각 멈춘다.

아이의 월령이나 나이 등에 따라 마사지 부위나 기법 등이 다를 수 있지만, 그 바탕은 언제나 사랑과 교감 그리고 아이에 대한 조건 없는 존중이란 것을 잊지 말자.

모든 경험에는
존중의 노크가
필요하다

Respectful Child Care

갓 태어난 아이에게는 세상 모든 것이 새롭다. 새로운 것을 경험하는 일은 신나고 즐거울 수도 있지만, 아직 부모와 안정 애착이 완성되지 않은 영아기의 아이에게는 낯설고 두려운 감정이 더 클 수 있다.

아이는 세상 밖으로 나오기 전까지 큰 변화나 자극 없이 편안한 환경에서 지냈다. 항상 같은 온도와 촉감을 유지하는 양수에 둘러싸여 배가 고프면 엄마의 탯줄을 통하여 영양분을 흡수했다. 그리고 엄마와 아빠가 다정하게 건네는 이야기와 책 읽어주는 소리, 달콤한 자장가와 부드러운 음악을 들으며 평온한 하루하루를 보냈다.

그러던 어느 날, 갑자기 안전한 엄마 뱃속에서 나와 낯선 세상을 만나게 되었는데, 온도도 일정하지 않고 피부로 전해지는 감촉도 낯설기만 하다. 엄마의 뱃속에서 듣던 소리보다 더 다양하고 자극적인 소리가 들리니 두렵고 불편한 기분이 들 수 있다. 아이의 이런 낯섦과 두려움의 감정을 이해하고 존중한다면, 모든 새로운 경험에 앞서 부모는 아이에게 존중의 노크를 해주어야 한다. 다시 말해서, 미리 설명하고 양해를 구하는 것이다.

어떤 경험이든 '어떻게 하느냐'에 따라 좋은 경험이 될 수도, 나쁜 경험이 될 수도 있다. 예컨대 기저귀를 갈 때도 느닷없이 다리를 쑥 들어 올리기보다는 미리 설명을 해주는 것이 좋다.

"우리 아가가 쉬를 했구나. 많이 축축하지? 엄마가 기저귀를 갈아줄 테니 다리를 들어 올려도 너무 놀라지 마. 축축한 기저귀 대신 뽀송뽀송한 새 기저귀를 입으면 네 피부도 훨씬 좋아할 거야."

아이가 엄마의 말을 다 이해할 수는 없더라도 엄마가 눈을 맞추고 부드러운 목소리로 미리 얘기해주면 아이는 '엄마가 지금 내게 무언가를 하려고 한다'라는 것을 예상할 수 있다.

그리고 기저귀를 다 갈아주고 나서도 "기저귀를 갈아주었으니 이제 기분이 좋아질 거야. 언제든 기저귀가 축축해지면 엄마에게 알려주렴." 하고 일이 마무리되었음을 알려준다. 그러면 아이는 자신에게 생겼던 문제(축축한 기저귀)가 모두 해결되었음을 느끼고 다시 평온함을 찾는다.

존중은 목욕을 즐거움으로 이끈다

세상에 태어난 후 아이가 제일 처음으로 맞게 될 불쾌하고 난감한 상황은 아마 목욕일 것이다. 본인의 의지와는 상관없이 발가벗겨져서 물속에 풍덩 담기고, 이리저리 몸을 휘둘리니 놀라고 겁이 날 수밖에 없다. 그래서 대부분 아이가 목욕을 할 때 짜증을 내거나 울기 마련이다.

아기 못지않게 부모에게도 신생아를 목욕시키는 일은 무척이나 난감하고 힘든 일이다. 임신 중 예비 부모 교실에 참석해 신생아 목욕법에 대한 강의도 들었고, 인터넷으로 동영상을 찾아보며 열심히 공부도 했지만, 막상 아이를 목욕시키려니 무엇을 어떻게 해야 할지 몰라 우왕좌왕하곤 한다.

아이를 조금만 세게 잡았다가는 어딘가 툭 하고 부러져버릴 것만 같고, 살짝 안고 있자니 혹시 물에 빠트리기라도 할까 봐 겁이 난다. 겨우 10분 남짓한 목욕 시간이지만, 서로 불편한 자세로 한바탕 실랑이를 벌이고 나면, 아이는 울다 지치고 부모는 기진맥진해 녹초가 돼버리기 일쑤다.

상황이 이러하니 부모 중에는 아이가 울든 말든 신경 쓰지 않고 최대한 빨리 목욕을 끝내려는 사람도 있다. 울음을 달래려다 보면 시간이 늘어나서 아이를 더 힘들게 할 것이라 염려해서다. 하지만 이런 방식은 오히려 아이에게 목욕은 고통스러운 일이라는 잘못된 인식을 심어줄 위험이 있다. 더군다나 목욕은 아이가 세상에 태어나서 처음

겪는 생동감 넘치는 체험인데, 이런 첫 경험이 고통과 연결되면 세상이 정말 두렵고 무서운 곳이라는 인식마저 들 수 있다.

부모와 아이 모두에게 최고 난이도 과제인 목욕도 '어떻게 하느냐'에 따라 행복하고 즐거운 교감의 시간이 될 수 있다. 신생아를 목욕시킬 때 가장 중요한 것은 아이를 안심시키는 일이다. 아이가 울지 않고 차분하게 목욕을 즐겨준다면, 부모는 아이에게 더 많은 이야기를 들려주고 더 많은 것을 느끼게 해줌으로써 두뇌 발달과 정서 발달을 적극적으로 도울 수 있다.

"신생아 목욕에서 가장 중요한 것은 아이를 안심시키는 것이다."
"아이의 두려움과 불쾌함을 존중하고 다정한 목소리로 안심시킨다."

목욕하는 시간이 아이에게 있어 '불쾌하고 괴로운 경험'이 아닌, '행복하고 즐거운 경험'으로 인식되기 위해서는 무엇보다 아이의 두려움과 불쾌함에 대해 공감하고 그 마음을 존중해주어야 한다. 그래서 목욕을 준비하는 단계에서부터 아이에게 미리 설명을 하고 양해를 구해 아이가 마음의 준비를 할 수 있도록 배려한다.

"아가야, 조금 있으면 엄마가 너를 목욕시킬 거야. 깨끗한 물로 네몸에 묻은 땀과 때를 씻어내면 훨씬 더 건강하고 상쾌해질 거야. 네가 뜨겁거나 차갑게 느끼지 않도록 물 온도도 잘 맞추고 네가 놀라지 않도록 천천히 너를 씻겨 줄게. 네가 너무 피곤할지도 모르니 목욕 시간은 너무 길어지지 않게 엄마가 노력할 거야. 그러니 안심하고 네

몸을 엄마에게 맡겨주렴."

나는 딸이 아기였을 때 그리고 나중에 손녀들을 양육할 때에도 목욕에 앞서 늘 이런 말을 해주었다. 왜 목욕을 해야 하는지를 설명해주고 양해를 구했다. 그리고 목욕을 하는 동안에도 끊임없이 말을 걸어주고 설명해주며 눈을 맞추었다.

"아가야, 이건 손이야. 보들보들 예쁜 너의 손. 그리고 이건 발이야. 꼬물꼬물 사랑스러운 너의 발이야."

나는 아이의 온몸을 찬찬히 씻어주며 손과 발, 입, 코, 눈 등 일일이 그 명칭을 알려 주었다. 아이가 자신의 몸과 그 명칭을 아는 것도 중요하지만, 무엇보다 정서적인 안정감과 평온함을 느끼는 것이 중요했기에 계속해서 설명해주고 이야기를 들려줬다.

덕분에 딸과 손녀들은 목욕을 할 때 단 한 번도 칭얼대거나 운 적이 없다. 오히려 어느 순간부터는 눈을 반짝이며 목욕을 즐기는 모습까지 보였다.

"어머나! 이렇게 목욕할 때 울지 않는 아이는 난생처음 보네요."

"목욕하는 게 좋은지 아이가 방글방글 웃기까지 하네요."

이런 아이의 모습이 신기했는지 이웃집 아주머니와 할머니들이 구경을 오기도 했다.

신생아를 목욕시킨다는 것은 단순히 몸의 때를 닦아내는 것뿐만 아니라 아이와 전신 커뮤니케이션을 나눈다는 의미가 있다. 온몸 구석구석 부모의 손길이 닿는 목욕 시간 동안 아이는 정서적인 안정감과 촉감을 통해 행복을 느낄 수 있다. 또 목욕하는 동안 들려주는 부모의 다양한 설명과 이야기로 아이는 언어감각과 상상력을 키울 수 있다. 그리고 무엇보다 부모의 친절하고 다정한 설명과 부드러운 손길을 통해 아이는 자신이 존중받고 있음을 느끼고, 자신을 소중한 사람으로 인식한다.

불쾌한 경험일수록 미리 설명하고 천천히 이끌기

"나 그거 알아. 그거 너무 싫어, 무서워!"

좋지 않은, 불쾌한 경험들이 한두 번 반복되면 아이들의 감정은 비슷한 상황에서 아주 예민하게 작동된다. 이미 경험을 통해 이것은 아프고 고통스럽다는 것을 알고 있기 때문이다. 그래서 아이가 굳이 알지 않아도 될 부정적인 경험은 가능한 피하는 것이 좋다. 대표적인 것이 부모의 다툼, 시끄러운 소리, 과도한 배고픔, 추위나 더위와 같은 불쾌감 등이다.

아이에게 도움이 되지 않는 부정적인 경험은 미리 차단하거나 피하면 된다지만, 예방접종처럼 고통이 따르지만 반드시 겪어야 하는 경험은 어떻게 할까?

어른들도 주사를 맞는 것은 그리 유쾌한 경험이 아니다. 하물며 갓난아이들은 오죽할까? 접종의 필요성을 알지 못하니 육체적인 고통은 오롯이 정신적인 고통으로까지 확장된다. 그 심정을 이해하고 존중한다면 반드시 외출에 앞서 미리 설명하고 양해를 구해야 한다.

"우린 지금 병원에 갈 거야. 병원에 가서 예방접종을 할 건데 많이 아플지도 몰라. 하지만 나중에 더 많이 아프지 않기 위해서 잠깐 아픈 거니까 잘 참아보자. 엄마가 계속 네 옆에 있을 거니까 너무 무서워하지 않아도 돼."

신생아라면 이 말을 모두 이해하긴 힘들 것이다. 그래도 지속적으로 말해준다. 엄마가 자신과 눈을 맞추고 다정한 목소리로 조곤조곤 설명을 해줄 때의 좋은 느낌이 집 밖으로까지 연결될 수 있기 때문이다. 또, 병원으로 이동하는 차 안에서, 병원의 진료실 안에서도 엄마가 다정한 목소리로 안심시켜주면 긴장되고 두려운 마음이 조금은 줄어들 수 있다. 더불어 주사를 맞을 때도 엄마가 부드러운 음성과 손길로 "괜찮아, 금방 지나갈 거야."라고 해준다면 덜 아프게 느껴질 것이다.

"불쾌함이 예상되는 경험일수록 아이에게 미리 설명하고 양해를 구하는 존중하는 마음이 필요하다."

병원 입구에서부터 자지러지게 우는 아이도 많다. 냄새만으로도 그곳의 고통이 되살아나기 때문이다. 이럴 때는 억지로 밀어붙이기보다는 외부로 나가 잠시 시간을 갖는 게 좋다. 이때도 아이에게 왜 병원에 가야 하는지를 충분히 설명하고 양해를 구해야 한다.

"많이 무섭지? 엄마도 그 마음 다 알아. 그런데 무서워도 이건 해야 하는 거야. 이걸 해야 더 건강해지는 거야. 지금 당장 들어가면 또 눈물 나니까 조금만 더 있다가 들어갈까?"

말을 장황하게 할 필요도 세세하게 할 필요도 없다. 부모가 알고 있는 대로만 설명해주면서 아이의 두려움과 고통을 충분히 공감하고 존중해주면 된다.

"뭐가 무서워? 병원은 절대 아프거나 무서운 곳이 아니야. 뚝!"

어른의 기준에서 아이의 감정을 이끌려고 하면 안 된다. 아이는 자신의 마음을 알아주고 토닥여주면 신뢰감과 안정감이 생기고, 이로 인해 두려움과 고통의 정도도 점차 줄어들게 된다.

"가뜩이나 병원을 싫어하는 애한테 병원에 가는 걸 미리 얘기해주라고요?"

부모 중에는 아이들이 병원에 가는 것을 싫어하기에 최대한 티를 내지 않거나 아니면 아예 거짓말을 하고 데려오는 경우도 더러 있다. 둘 다 바람직하지 않은 방식이다. 이런 일이 반복되면 아이는 외출 때마다 부모의 발길이 언제 병원으로 돌아설지 몰라 늘 긴장한다. 외출은 아이에게 두려움을 넘어 공포가 될 위험이 있으며, 부모와 신뢰감을 형성하는 데도 장애가 되어 더 큰 문제를 일으킬 수 있다.

우리는 예방접종과는 비교도 되지 않을 불쾌하고 고통스러운 경험을 하면서 살아간다. 이런 부정적인 경험조차 삶에 긍정적인 힘으로 작용하기 위해서는 회피나 외면이 아닌 스스로 그것을 잘 이겨내는 경험이 필요하다. 두려움과 불쾌한 감정을 공감하고 존중하면서 조금씩 앞으로 나아갈 수 있도록 찬찬히 이끌어주면 아이는 어느새 혼자서도 씩씩하게 잘 나아가게 된다.

아이의 감정을 존중하며 목욕시키는 노하우

1. 목욕 준비

준비물을 꼼꼼히 챙기고 아이에게 미리 알리기

아이에게 목욕한다는 사실을 미리 알리도록 한다. "아가야, 이제부터 엄마랑 목욕할 거야. 목욕을 하면 더 예뻐지고 건강해진단다. 엄마가 지금부터 목욕 준비를 할 테니 잠깐만 기다리자." 하고 말을 건넨다.

목욕물 온도는 38~40℃(팔꿈치를 넣었을 때 약간 따끈따끈한 정도의 온도)에 맞추고, 헹굼에 사용할 물은 목욕하는 사이에 식을 것을 대비해 조금 더 높은 온도로 준비해 놓는다.

목욕을 마친 아기가 추워하지 않도록 방 온도는 27~28℃로 유지한다.

목욕이 끝나면 바로 몸을 닦고 옷을 입을 수 있도록 수건, 옷, 기저귀, 싸개 등을 필요한 순서대로 준비해둔다.

아직 배꼽이 떨어지지 않았다면 아기의 배꼽을 소독해줄 약솜과 소독약을 준비하고, 몸에 발라줄 베이비 로션도 준비한다.

엄마의 무릎 위에 덮을 방수패드를 준비한다. 방수패드 위에 깔 부드러운 수건도 준비한다.

2. 목욕 시작

엄마가 편안한 자세로 아이를 적응시키기

아이를 울리지 않고 목욕시키기 위해서는 엄마가 편안한 자세를 취하는 것이 가장 중요하다. 주변에 물이 튀거나 옷이 젖는 것이 신경 쓰인다면 사용한 수건 등을 목욕 대야 주변에 깔고 엄마가 목욕 대야 앞에 편하게 앉아 책상다리를 한다. 엄마의 옷이 물에 젖지 않도록 다리 위에 방수패드나 얇은 비닐을 덮고 그 위에 수건을 덧댄다.

속싸개에 싸인 아기를 그대로 안아서 다리 위에 편한 자세로 누이고, 아이와 눈을 마주하며 "아가야, 이제 목욕을 시작할 거야." 하며 아이의 긴장을 풀어준다.

아기를 물속에 넣기 전에 천천히 물과 친숙해질 시간을 준다. 먼저 아기의 손에 물을 묻히면 "아가야, 이것이 물이란다. 물, 워터, 쉬웨이."와 같이 지금 손끝에 닿는 그것이 물임을 이야기해 주고, 한국어, 영어, 중국어 등으로 물의 이름을 들려준다.

몇 번 반복해서 말해준 뒤 "어때 따뜻하지? 따뜻한 물에 손과 몸을 담그고 깨끗이 씻으면 우리 아기는 더 예뻐진단다."라고 말하며 물의 느낌과 목욕의 의미를 알려준다. 오른손과 왼손을 번갈아 해주며 "이쪽 손은 왼손, 이쪽 손은 오른손." 하며 좀 더 구체적으로 설명해줘도 좋다.

아기의 발도 손과 같은 방법으로 씻어주며, 신체의 이름에 대해 설명해준다. 아이는 엄마의 표정과 목소리, 손길에서 자신을 사랑하는 마음을 느끼며 안심한다.

3. 얼굴 씻기기 & 머리 감기기

아이의 시야를 가리지 않게 주의하기

아기를 속싸개로 싼 상태에서 엄마의 다리 위에 편안히 누인다.

"이제는 우리 아기 얼굴을 씻어줄 거야.", "얼굴을 씻는 것을 세수라고 한단다. 자, 얼굴에는 이렇게 볼이 있어요, 볼."

엄마의 손에 물을 묻혀 아기의 볼에 둥글게 굴리며, 지금 세수를 한다는 것을 이야기해준다. 이때 아기가 눈을 뜨고 있으면 눈을 맞추며 이야기한다. 볼, 이마, 입 주위 등 얼굴을 닦을 때 눈이 가려지거나 눈에 물이 들어가면 아이가 순간적으로 놀라거나 불안감을 느껴 울 수 있다. 그러니 가능한 시야를 가리지 않게 주의하고 물도 되도록 적게 사용한다.

머리를 감길 때에는 아이의 목 뒤를 손으로 받치고 몸은 엄마의 다리에서 떨어지지 않게 유지한다. 이 상태에서 아이의 머리에 물을 조금씩 축이고 비누로 천천히 문지른 뒤 원을 그리듯 살살 마사지하고 물로 씻어낸다.

부드러운 수건으로 물기를 닦아준 뒤에는 신생아용으로 나온 큰 거즈 손수건으로 양머리 모자나 두건 모양으로 머리를 감싸주어 머리 쪽이 차가워지지 않게 한다.

4. 몸 씻기기

아이에게 적응할 시간을 충분히 주면서 천천히 진행하기

아이 몸을 씻길 때는 다리에 누인 채로 속싸개와 기저귀만 푼 뒤, 얼굴을 씻겨줄 때와 마찬가지로 발에 먼저 물을 묻혀 주면서 천천히 시작한다. "물이 발에 닿으니 느낌이 어때? 따뜻하지 않니?"라고 말을 건네며 발, 다리, 엉덩이, 손, 팔 순서로 심장에서 먼 곳부터 서서히 물을 묻힌다. 배냇저고리 끈만 풀어둔 상태로 온몸에 비누칠을 해서 부드럽게 살살 문지른다.

몸을 물속에 넣을 때도 "자, 이제는 온몸이 물속으로 들어갈 거야! 아주 기분이 좋을 거야."라고 말을 건네며, 발부터 물속에 천천히 담그고, 어느 정도 적응이 끝났다고 보이면 조심히 배냇저고리를 벗긴다. 물속에 담긴 아이의 온몸을 기분 좋게 만져주며 비눗기를 제거해준다.

목욕이 끝나면 바로 큰 수건으로 아기의 몸 전체를 감싸 물기를 슬며시 누르듯이 닦아준다.

몸 씻기기가 '시간을 갖고 천천히'라면 목욕 이후에는 '최대한 신속하게'이다. 아이의 옷을 입히는 순서대로 미리 펴놓았다가 목욕이 끝나면 재빨리 물기를 닦아주고 로션을 바른 뒤 즉시 옷을 입혀 체온이 떨어지지 않도록 한다.

부모의 사랑은
아이 자존감의
원천이다

Respectful Child Care

　부모의 품속에서 지극정성으로 보호를 받던 아이는 유치원에 가고 초등학교에 진학하면서 점차 세상 밖으로 나간다. 그곳에서 아이는 '나'가 아닌 '우리'가 되어 규칙을 배우고, 타인과의 관계에서 책임, 배려, 양보, 존중 등 다양한 가치들을 익혀간다.

　이런 새로운 환경이 아이에게 늘 즐겁고 신나기만 한 것은 아니다. 때로는 당황스럽고 불편한 경우도 있다. 밥을 먹으려면 기다리거나 줄을 서야 하고, 수업 중에는 화장실에 갈 때도 선생님께 허락을 받아야 한다. 또 과제를 수행하며 종종 실수나 실패도 하고, 친구들과의 경쟁에서 뒤처지기도 한다. 이 모든 것이 아이가 타인과 더불어 살아가기 위해 당연히 거쳐야 하는 과정이다.

부모의 품을 벗어난 곳에서 맞이하는 다양한 외부 자극을 건강하고 긍정적으로 이겨내는 아이도 있지만, 사소한 일에도 상처받고 좌절하는 아이도 있다. 아이마다 자존감, 즉 '자기 자신을 존중하고 사랑하는 마음'의 크기가 달라서 같은 상황이라도 다르게 받아들이기 때문이다.

"가뜩이나 소심하고 자신감이 없는 아이인데 유치원에서 친구들과 어울리며 더 기가 죽은 것 같아요."

남들과 비교할 때 크게 뒤처지는 부분이 없는데도 매사에 자신감이 없고 의기소침한 아이가 있다. 이런 아이는 주어진 과제를 제대로 완성하지 못하면 울상을 지으며 초조해하거나 울음을 터뜨리며 엄마를 찾기도 한다.

타고난 기질일 수도 있지만, 대부분 부모와의 애착이 건강하게 형성되지 못해 아이가 부모와 분리된 곳에서 정서가 불안해진 탓이 크다. 부모와의 애착이 건강하지 않은 아이는 자존감이 낮아서 자신의 능력을 과소평가하고 자신을 못난 사람으로 인식하는 경우가 많다.

아낌없이 사랑을 표현하기

유치원에서 아이들이 게임이나 놀이 등의 과제를 수행하는 모습을 지켜보고 있노라면 자존감이 높은 아이와 그렇지 않은 아이가 확연히 구분된다. 자존감이 높은 아이는 과제를 시작하기 전부터 자신감이 넘친다. 제 나름의 목표도 설정하고, 목표 달성에 대한 의지도 남다르다. 그리고 최선을 다해 과제에 임하고, 설령 바라던 결과를 얻지 못하더라도 실망하거나 포기하지 않는다. 더 나은 방법이 없는지 고민하고 다시 시도한다.

반면, 자존감이 낮은 아이는 과제를 시작하기 전부터 위축되고 부정적인 태도를 보인다. 실패를 예상하고 미리부터 마음이 움츠러드는 것이다. 그리고 과제 수행을 할 때도 소극적인 태도로 임하고 결과 또한 그리 좋지 못하다. 한 번 실패하면 '내가 그렇지 뭐.', '나는 원래 잘 못해.' 하며 스스로 자책하고, 다시 도전하기를 꺼린다. 설령 좋은 결과가 나오더라도 그것은 자신의 실력이나 노력이 가져온 결과가 아닌 그저 운이 좋았던 덕분이라고 생각한다. 이처럼 자존감은 자신을 바라보는 시선, 그리고 세상을 대하는 태도를 결정짓는 중대한 요인인 만큼 아이의 성장에서 특별히 신경을 써야 하는 부분이다.

자신을 사랑하고 존중하는 마음인 '자존감'은 선천적으로 타고나기도 하지만, 후천적으로 형성되는 부분이 더 크다. 특히, 영유아기를 지나는 동안 가장 긴밀하게 관계를 맺는 타인, 즉 주 양육자인 부모의 사랑과 그 표현 방식은 이후 아이가 세상과 관계를 맺는 방식에 큰 영향을 미친다. 부모에게 올바른 방식으로 풍족하게 사랑받은 아이는 세상을 긍정적으로 바라본다. 그리고 자기 자신을 바라보는 시선도 따뜻하다. 또 자신의 소중함을 알고 스스로 존중하고 사랑하며, 자신에 대한 믿음도 강하다.

아이의 자존감을 키워주기 위해서는 부모가 무엇보다 아낌없이 애정을 표현해야 한다. 어제보다 오늘, 오늘보다 내일, 매일 더 풍요로워지는 사랑을 표현하자. 아이를 사랑하는 마음이 흘러넘쳐도 표현하지 않으면 아이는 모른다. 눈빛으로, 말로, 부드러운 스킨십으로 넘치는 사랑을 아이에게 표현해주어야 한다. 그래야 아이는 부모가 자신을 사랑한다는 것에 확신하고 자신을 귀하고 소중한 사람으로 여긴다.

말문이 트이기 이전의 아이는 옹알이를 하는 동안 부모가 눈을 맞추고 부드러운 미소를 지으며 화답해주어야 한다. 아이가 깨어 있는 시간을 활용해 수시로 말을 걸어주고 동화책을 읽어주며, 부모의 부드러운 목소리를 들려주어야 한다.

목욕이나 마사지를 할 때는 물론이고 아이의 컨디션을 살피며 자주 스킨십을 해주어야 한다. 안아주고 쓰다듬어주고, 뽀뽀를 해주고, 손을 잡는 등 다양한 형태의 스킨십을 통해 사랑을 듬뿍 표현해주어야 한다.

말문이 트이고 활동성이 많아진 돌 이후의 아이들 역시 끊임없이 사랑을 표현해주어야 한다. 이때는 오감을 활용한 다양한 놀이를 함께하며 눈을 마주 보고 이야기를 건네며 스킨십을 할 수 있다. 또 책을 읽어주고 이야기를 나누면서 더 적극적으로 공감하고 소통하는 것이 가능하다. 그리고 아이의 요구나 의견을 최대한 존중해주고, 만약 수용할 수 없는 부분이 있다면 충분히 설명하고 이해를 구한다.

이런 모든 상호작용과 사랑의 표현을 통해 아이는 자신이 부모에게 충분히 사랑받고 존중받고 있다는 것을 느낀다. 그리고 그 힘으로 자신을 사랑하고 존중하게 되며, 타인에 대해서도 긍정적인 시각과 태도를 유지한다.

아이의 방식으로 사랑을 표현하기

세상 모든 부모는 대부분 자신의 아이를 사랑한다. 꼬박 300일을 내 안에서 함께 숨 쉬다가 세상에 나온 아이인데 어찌 사랑하지 않을 수가 있을까. 표현의 방식에는 차이가 있을지 모르지만, 내 아이를 사랑하는 그 마음만은 한 톨의 거짓도 없다.

안타깝게도 부모의 순수한 사랑이 모두 아이의 성장에 건강한 약으로 쓰이는 것은 아니다. 사랑은 그것을 어떻게 표현하느냐에 따라 약이 되기도, 독이 되기도 한다. 사랑의 표현에 있어 정해진 정답은 없지만 가장 기본적인 원칙은 있다. 바로 상대에 대한 존중이다.

한 송이의 꽃을 키울 때도 그 꽃의 특성에 맞게 물과 햇볕 그리고 양분을 조절해야 한다. 특성을 존중하지 않고 무조건 풍족하게 준다면 햇볕에 타 죽거나 뿌리가 썩는 일을 피할 수 없다.

아이도 마찬가지다. 부모의 사랑이 아이의 자존감을 높이고 성장에 약이 되기 위해서는 아이의 마음과 발달 상황을 존중한 방식으로 표현되어야 한다. 아이에게 무엇이 필요한지, 아이가 어떻게 받아들이는지, 아이의 발달 상황은 어떠한지 등에 따라 가장 적절한 방식으로 사랑을 표현해야 한다.

부모의 돌봄과 보호가 절대적으로 필요한 출생 후 12개월까지의 시기에는 안정감을 주는 것이 가장 중요하다. 그리고 세심하고 즉각적인 돌봄으로 관심과 사랑을 확인시켜주어야 한다. 이러한 안정감과 만족감은 이후 아이가 자신을 사랑하고 존중하는 마음을 만들어 갈 가장 탄탄한 기초가 된다.

돌 이후의 아이들은 말과 행동이 점점 자유로워지며 독립성과 자율성이 생겨난다. 혼자 해보고 싶은 것이 늘고, 제 나름의 취향도 생긴다. 이 시기에는 위험한 행동, 남에게 피해를 주는 행동이 아니라면 가능한 아이의 의견을 존중해주어야 한다. 그리고 아이가 스스로 해보려 하는 것은 진득하게 기다려주어야 한다. 또한, 결과와 무관하게 노력한 과정에 대해 칭찬하고 더 잘할 수 있도록 격려해주어야 한다. 그래야지만 자신감이 생기고 자존감도 자란다. 24개월 전후 아이들에게 선택하고 참여하는 경험을 많이 하게 해주면 도전을 즐기고 목표 의식과 성취욕이 강한 아이로 자란다. 그리고 무언가에 도전하고 그것을 해냈다는 만족감을 느낌으로써 자신의 능력을 믿고 자신감도 키워나간다. 만약 이 시기에 아이의 마음과 발달 상황을 존중하지 않은 채 무조건 부모가 해결해주려 한다면 아이는 무력감에 빠진다. 자존감은 낮아지고 열등감이 자라는 것이다.

"아이의 마음과 발달 상황을 존중한 표현 방식으로 충분히 사랑을 표현한다."

"올바른 방식으로 풍족하게 사랑받은 아이는 세상을 긍정적으로 바라보며, 자신을 존중하고 사랑할 줄 안다."

한편, 아이에게 사랑을 충분히 표현하는 것 못지않게 중요한 것이 있다. 부모 자신의 화나 실망감 등 부정적인 감정을 잘 다스리는 '부모의 성숙함'이다. 아이를 향한 사랑의 마음은 부모의 컨디션이나 기분과는 무관하게 성숙한 방식으로 표현되어야만, 그 마음이 제대로 전해진다.

아이들은 점차 활동성이 커지면서 실수나 문제를 일으키는 일도 잦다. 게다가 떼를 쓰거나 말대답까지 하기 시작하면 부모는 저도 모르게 화가 치밀어 오르기도 한다. 아이를 사랑하는 마음과는 별개로 아이의 행동이나 태도에 대해 실망하고 화가 나는 것이다.

"너는 왜 항상 이 모양이니?", "너 때문에 못 살겠어.", "안 된다면 안 되는 줄 알아!", "넌 누굴 닮아서 이렇게 고집이 세니?" 등 아이의 잘못된 행동에 화를 참지 못해, 혹은 아이의 잘못된 행동을 교정해볼 요량으로 무심코 흘렸던 말들이 아이에게는 고스란히 상처가 될 수 있다.

좋을 때 감정을 솔직하게 드러내는 것은 어렵지 않다. 하지만 싫을 때 감정을 잘 다스리고 성숙하게 표현하는 것은 노력이 필요하다. 아이들에게 부모의 정제되지 않은 부정적인 감정은 날카로운 화살이 되어 그대로 마음을 다치게 한다. 게다가 아이의 인성에 대한 부정적인 표현은 아이의 자존감을 갉아먹고 자신에 대한 부정적인 이미지를 갖게 만들 위험이 크다. 이런 아이의 마음을 존중한다면 부모는 부정적인 감정을 다스리고 성숙한 표현으로 사랑을 전해야 한다.

아이존중 Tip

행복한 엄마가 행복한 아이를 만든다

아이가 놀 때 엄마도 놀자

아이를 돌보고 교육하는 것이 노동이 되면 엄마의 피로감은 배가 된다. 영유아는 놀이가 교육인만큼 아이와의 놀이 시간에는 엄마도 어린 시절로 돌아가 신나게 논다는 마음으로 함께하면 몸과 마음의 피로감이 훨씬 덜하다.

힘들면 쉬어 가자

살림과 육아, 인간관계까지 모든 것을 다 잘하려고 애쓰지 마라. 특히 손이 많이 가는 영유아를 양육할 때는 일의 우선순위를 정해 힘들 때는 후순위의 것들을 미뤄두거나 남편 등 다른 가족에게 분담시키는 것도 괜찮다. 혼자 모든 것을 완벽히 해내려다 보면 몸도 마음도 힘들어지고, 결국 모든 것을 다 제대로 하지 못하게 된다.

하루 30분, 나만의 힐링타임을 갖자

몸과 마음의 재충전을 위해서는 휴식 시간보다는 질이 더 중요하다. 하루 30분 만이라도 모든 일을 놓고 오롯이 나만을 위한 시간을 가져보자. 책을 읽어도 좋고, 음악과 함께 차를 즐겨도 좋다. 영어 공부, 그림 그리기 같은 취미생활이나 요가나 맨손 줄넘기, 자전거, 헬스, 훌라후프 등 건강을 위한 활동을 하루 30분씩 꾸준히 해보면 마음의 평온함은 물론 성취감까지 느낄 수 있어서 삶의 활력을 되찾는 데 도움이 된다.

존중의 언어를
사용하자

Respectful Child Care

"엄마, 나 이거!"

"안 돼, 잘 시간에 초콜릿은 무슨! 얼른 방에 가서 누워."

"으앙, 나 이거 먹을 거야!"

"엄마가 안 된다고 했지? 계속 떼쓰면 혼난다!"

아이를 키우다 보면 하루에도 몇 번씩 아이의 행동을 규제하고 혼을 내야 할 일이 생긴다. 기껏 양치질까지 끝내고 자리에 누우려는데 초콜릿을 먹으려 한다거나, 막 정리를 끝낸 장난감 상자를 다시 뒤집어엎으며 방을 엉망으로 만들기도 한다.

어디 그뿐인가. 요리하는 엄마를 지켜보다 느닷없이 자기가 한번 해보겠다고 떼를 쓰고, 빨래 바구니에 넣어둔 옷을 다시 입겠다고 고집을 피우기도 한다.

아이가 해서는 안 되는 행동을 할 때 부모가 할 수 있는 가장 효과적인 방법은 단호한 표정으로 "안 돼!", "하지 마!", "해!"와 같은 말을 하는 것이다. 짧고 명료한 언어 표현은 아이가 부모의 의사를 분명하게 알 수 있게 해주고, 아이의 행동을 빠르게 제지할 수 있다는 장점이 있다. 무엇보다 위험한 행동을 할 때는 단호하고 분명한 언어로 제지할 필요가 있다.

그러나 매사에 이런 식으로 의사소통을 할 수는 없다. 호기심과 궁금증 때문에 하는 아이의 수많은 행동, 식욕처럼 본능에 의한 행동, 아직 도덕과 사회규범을 알지 못해 하는 행동은 단호한 언어로 제지할 필요는 없다. 이럴 때는 아이에게 차근차근 이유를 설명하면서 자연스럽게 아이가 행동을 바꿀 수 있도록 유도하는 게 좋다. 끊임없이 뭔가를 하고 싶어 하는 아이의 마음도 존중해주는 것이다.

'안 돼!'보다는 '이건 어떨까?'

영유아를 키우는 부모들이 가장 많이 하는 말 중 하나가 "안 돼!"이다. 높은 곳에 올라가거나 날카로운 물건을 만지는 등 아이의 안전이 위협받는 긴박한 상황이 아니라면 굳이 "안 돼!"라는 강압적인 표현을 쓸 필요는 없다. 그리고 아이의 안전을 생각한다면 안 된다고 말하기 이전에 안전을 위협하는 요소부터 미리 제거하는 것이 바람직하다. 그러면 자연스레 "안 돼!"라는 표현을 쓸 일이 줄어든다.

아이가 뭔가를 해보고 싶어 할 때 부모가 무조건 안 된다고 하면 머리도 마음도 움츠러든다. 이럴 때는 "안 돼!"라는 말을 다른 긍정적인 표현으로 바꾸어 사용하자. 같은 메시지를 전달하더라도 '안 돼, 하지 마!'보다는 '그래, 좋아!'처럼 긍정의 언어를 먼저 사용하면 아이는 자신의 의견이 무시당했다고 생각하지 않는다. 그리고 그다음에 이어지는 부모의 말에 귀를 기울여준다.

"'안 돼'가 아닌 '그래'로 먼저 대답한 후, '그런데 이건 어떨까?'로 생각의 방향을 전환시킨다."

"무조건적인 강요가 아닌 아이에게 선택할 수 있는 기회를 준다."

잠자리에 들기 전에 초콜릿을 먹겠다는 아이의 요구에 "안 돼." 라고 대답하기보다는 "그래, 그런데 초콜릿을 먹으면 이를 또 닦아야 하니까 내일 아침에 먹는 건 어떨까?"라고 물어보는 게 좋다. "안 돼!"라는 부정적인 언어가 아닌 "그래."라는 긍정의 언어로 대답해주면서, "그런데 이건 어떨까?"로 생각의 방향을 전환시켜주는 것이다.

물론, 이 정도로 아이가 수긍한다면 더없이 좋겠지만, 만약 그러지 않고 계속 떼를 쓴다면 또 다른 선택지를 만들어주면 된다. 이때도 "좋아, 그럼 초콜릿을 먹는 대신 이를 꼭 다시 닦아야 해. 그리고 잠들기 전에 초콜릿을 먹는 것은 몸에 좋지 않으니 앞으로는 초콜릿을 아예 사지 않는 게 좋을 것 같아. 네 생각은 어떠니?" 하고 아이의 의견을 묻고 아이가 선택하도록 해준다.

무조건적인 강요가 아닌 아이도 제 나름의 생각과 논리로 '선택'할 수 있다는 것을 존중하고, 스스로 선택할 수 있는 기회를 줘야 한다. 그리고 아이가 선택한 것은 존중해주되, 자신의 선택에 책임을 져야 한다는 것도 알려줘야 한다.

"잠들기 전에 초콜릿을 먹는 것은 몸에 좋지 않으니 앞으로는 초콜릿을 아예 사지 않는 게 좋을 것 같다."라는 부모의 말에 아이가 당장 초콜릿을 먹고 싶은 마음에 "그래, 그렇게 해요."라고 대답했다면 부모는 다음부터 절대 초콜릿을 사지 말아야 한다. 그런 일관성 있고 단호한 부모의 행동에서 아이는 자신의 말에 책임을 져야 한다는 것을 배우게 되고, 이후의 선택부터는 더 신중하게 고민한다.

'왜'를 먼저 설명하고 권유하기

나는 어린 시절을 주로 할머니와 함께 보냈다. 농사일을 하느라 온종일 밖에 계신 부모님을 대신해 할머니께서 나를 돌보고 키워주셨다. 워낙 어릴 때의 일이라 상세히 기억나진 않지만, 할머니가 나를 존중하고 사랑해주셨던 그 따뜻한 느낌만은 수십 년이 지난 지금도 또렷이 남아있다.

할머니는 '해, 하지 마, 돼, 안 돼.'라는 명령의 말 대신 늘 '이렇게 하는 게 어떨까?'라며 권유를 해주셨다. 그러고는 왜 그런지에 대해 꼭 설명을 해주셨다.

"밥을 먹을 때는 얼굴을 밥그릇 가까이에 대고 먹으면 더 좋지 않을까? 얼굴을 그릇과 멀리하면 아무래도 밥알을 많이 흘리게 되고, 그러면 농사를 짓느라 고생하신 농부 아저씨들이 슬퍼하실 거야."

할머니는 쌀 한 톨이 자라기까지 농부가 얼마나 정성을 들이고 애를 쓰는지에 대해 내가 알아들을 수 있게 최대한 쉬운 말로 설명해주셨다. 그 뜻의 전부를 이해하기는 힘들었지만, 내 입에 들어가는 밥이 누군가의 땀과 정성으로 만들어진 것임은 분명하게 알 수 있었다.

시간이 흘러 나도 할머니가 되었고, 어린 손녀를 양육하게 되었다. 손녀들을 키울 때는 물론이고, 유치원에서 아이들을 교육할 때에도 절대 짧은 명령어로 말하지 않는다. 늘 왜 그런지 설명하고, 옳은 행동을 하도록 권유한다. 한 마디로 끝낼 수 있는 말이 열 마디로 늘어나는 탓에 에너지 소모도 크지만 나는 기꺼이 그 피곤함을 감수한다.

대부분 아이는 왜 그래야 하는지를 설명해주면 고개를 끄덕이고 공감을 표현한다. 굳이 논리적이고 체계적인, 세련된 설명을 할 필요는 없다. 오히려 아이의 눈높이에 맞춰 쉬운 말로 짧게 설명하는 것이 받아들이기에 더 편하다.

"우리 딸이 장난감을 잘 정리해주면 너무 기쁘고 행복할 거 같아.", "밤이 되었으니 장난감도 이제 자기 집에 가서 코 자야겠지? 우리 아들이 장난감을 집까지 잘 데려다 줘볼까?", "장난감은 누구 거지? 그래, 우리 아들 거지? 그럼 누가 깨끗하게 정리를 해야 할까?"

감성적인 접근이든 논리적이고 이성적인 접근이든 상관없다. "장난감 좀 치워!"라는 일방적인 명령보다는 훨씬 더 아이들의 마음에 따뜻하게 다가간다.

"우와! 우리 아들 덕분에 장난감들이 모두 집으로 잘 찾아갔구나! 방도 깨끗해져서 아빠가 너무 기쁘고 행복해! 고마워!"

명령이 아닌 권유였던 만큼 아이가 장난감 정리를 끝내면 반드시 칭찬과 감사의 말을 해주어야 한다. 그래야지만 아이는 '장난감 치우기'가 스스로 선택해서 한 일이라고 생각하고, 자신의 행동에 뿌듯함과 만족감을 느낀다. 그리고 이런 만족감은 이후의 올바른 행동교정에도 큰 도움이 된다.

삶에서 늘 감사함을 표현하기

"자기가 가지고 놀았던 물건을 치우게 하려면 뭐라고 말해주는 게 좋을까요?"

"아이가 자신의 행동에 책임을 지는 것을 당연하게 여기게 하려면, 장난감을 치우게 한 후 고맙다는 말보다 '고생했어', '수고했어'라는 말이 더 나을 거예요."

아이들이 어지른 것을 스스로 치우는 것은 부모 입장에서는 당연해 보인다. 하지만 부모에게 칭찬받기 위해서든 혹은 장난감을 잘 보관하기 위해서든 부모의 입장에서는 아이들의 행동이 대견한 것도 사실이다. 이런 마음을 아이에게 표현해주는 것이다.

사소한 것이라도 아이를 격려해주고 그 마음을 언어로 표현하는 것은 아이의 자존감을 키우는 것은 물론이고 올바른 가치관 형성에도 무척 중요하게 작용한다. 특히, 영유아들은 오랜 시간을 함께 지내는 부모에게서 자연스레 말을 배우고, 마음을 배우고, 태도를 배운다. 부모가 올바르고 고운 말과 마음, 태도를 보여주면 아이도 자연스레 그것을 제 안에 채운다.

부모가 아이에게 감사의 언어, 존중의 언어를 사용하면 아이의 언어와 마음도 같은 빛깔을 낸다. 그리고 부모를 비롯한 타인과의 관계에서 존중과 감사의 마음을 갖고 그것을 표현하며 살게 된다. 거리를 청소하는 아저씨, 떡볶이를 파는 학교 앞 분식집 아주머니에게도 감사의 마음을 가지고 그것을 표현할 줄 아는 고운 아이로 자란다.

"오늘도 거리를 깨끗이 청소해주셔서 감사합니다!"

"오늘도 맛있는 떡볶이를 먹을 수 있게 해주셔서 감사합니다!"

세상 그 어떤 것도 당연히 주어지는 것은 없다. 수많은 사람의 노고 덕분에 편안하게 숨 쉬고 안전하게 생활하며 맛있게 식사를 할 수 있다는 것을 아이에게 가르쳐야 한다. 그리고 그 가르침은 해박한 지식이나 논리적인 설득이 아닌 따뜻한 마음을 표현하는 감사의 인사로부터 시작되어야 한다.

혼을 낼 때는
잘못한 일만
말하자

Respectful Child Care

"엄마가 동생 때리지 말라고 했지? 그런데 왜 자꾸 동생을 때려?"

"동생이⋯⋯."

"시끄러워! 엄마는 너처럼 말 안 듣는 애는 필요 없어!"

"아니 동생이⋯⋯."

"뭘 잘했다고 자꾸 말대답이야? 넌 네가 가지고 논 장난감도 정리 안 하고, 밥 먹을 때도 여기저기 흘리면서 먹고, 친구 물건도 몰래 가져오잖아. 나중에 커서 뭐가 되려고 이렇게 엄마 말을 안 들어!"

"몰라! 엄마 미워!"

이쯤 되면 아이는 참았던 눈물을 터뜨리며 서럽게 울어댄다. 엄마가 자신을 싫어하고 미워한다고 확신하며, 자신을 못나고 쓸모없는 아이라고 생각하는 것이다. 게다가 이러한 상황이 반복될수록 아이는 점점 자존감이 낮아지고, 어른이 된 후에도 자신의 능력이나 가치에 대해 부정적으로 생각하여 매사에 자신이 없고 위축된 태도를 보인다.

혼내기에 앞서 '화'부터 잠재우기

아이를 혼내지 않고 키우는 부모가 얼마나 될까? 아이를 키우다 보면 혼을 내야 할 일이 있기 마련이다. 어른도 실수를 하고 잘못을 하는데 하물며 아이는 오죽할까.

아무리 내 아이를 사랑해도 아이가 올바르지 못한 행동을 할 때는 아이를 위해서라도 훈육을 하여 바로잡아주어야 한다. 그런데 아이를 훈육하는 과정에서 반드시 염두에 두어야 할 것이 있다. 바로, 아이의 마음을 다치지 않게 하는 것이다.

어떨 때 아이는 마음의 상처를 입을까? 부모가 자신을 미워한다고, 사랑하지 않는다고 느낄 때이다. 이렇게 되면 아이는 "나는 원래 나쁜 아이인가 봐.", "엄마는 나만 미워해.", "사람들은 모두 나를 싫어해."라며 자신은 물론 세상에 대해 삐뚤어진 마음을 갖게 된다.

훈육을 하되, 아이의 마음이 다치지 않게 하기 위해서는 지켜야 할 몇 가지 원칙이 있다. 가장 먼저 부모의 '화'부터 다스려야 한다. 아무리 성숙한 태도를 갖춘 부모라고 해도 아이가 같은 잘못을 반복하거나 타인을 괴롭히는 행동을 하면 실망감과 함께 화가 솟구치기도 한다. 게다가 아이를 혼내다 보면 자신도 모르는 사이에 화가 더 부풀어 오르기도 한다.

'화'와 같은 부정적인 감정이 개입되는 순간, 훈계는 그 의미를 잃는다. 화를 다스리지 못하고 그대로 아이에게 노출시키면 아이는 부모가 전하는 메시지가 아닌 부모의 감정을 먼저 접한다. 그리고 그대로 상처받는다. 이럴 경우, 무서운 마음에 당장은 행동 교정이 일어날지 몰라도 마음으로부터의 변화는 기대하기 힘들다.

사람이 누구나 그렇듯 아이들도 사소한 부분에서 아픔을 느낀다. 상대방의 마음을 불편하게 하는 말이나 표정, 행동 등에서 스트레스를 받는다. 부모의 화난 표정이나 말투는 당장의 고통뿐만 아니라 오래도록 마음에 상처로 남을 수 있다.

두 번째는 현재의 잘못에 대해서만 이야기해야 한다. 동생을 때린 아이를 혼낼 때는 동생을 때린 그 행위에 대해서만 말하면 된다. 그런데 평소 장난감 정리를 잘 안 하는 것, 밥 먹을 때 흘리는 것, 친구 물건을 몰래 가져온 일까지 모두 끄집어내어 혼을 내면 아이는 자신이 무슨 일 때문에 혼이 나는 것인지 혼란스러워진다. 게다가 자신이 잘못했던 일들이 줄이어 튀어나오니 결국, '엄마는 나를 싫어하는구나', '나는 나쁜 아이구나'라는 부정적인 느낌만 남게 된다.

세 번째는 아이 자체가 아닌 행위에 초점을 맞춰야 한다. 아이 자체를 꾸짖다 보면 아이는 자신이 나쁜 아이라서 잘못을 저질렀다고 생각할 수 있다. 그러니 아이의 행동이 잘못되었음을 명확히 이야기해주며 잘못된 행동에 초점을 맞춰서 이야기한다.

훈육을 할 때는 무엇을 잘못한 것인지에 대해 분명하게 이야기해주고, 왜 그것이 잘못된 행동인지에 대한 설명도 해준다. 그리고 그에 대해 아이가 나름의 변명을 한다면 끝까지 들어주고 다시 부모의 의견을 말해야 한다. 아이 스스로 자신이 무엇을 잘못했는지 느끼고 인정해야만 다음부터 그러지 않기 위해 노력한다.

네 번째는 혼을 내야 할 일과 그렇지 않은 일을 구별해야 한다. 잘못인 줄 알면서 일부러 하는 행위, 잘못을 반복하는 행위는 따끔하게 혼을 내야 한다. 하지만 의도치 않게 잘못을 하거나 실수를 한 것이라면 부드러운 목소리로 주의를 주고, 다음에는 그러지 않도록 격려해주어야 한다.

다섯 번째는 차분하고 부드러운 목소리로 말해야 한다. 아이에게 자신의 잘못을 느끼게 해주기 위해 굳이 차갑고 엄한 말투로 이야기할 필요는 없다. 화를 내지 않더라도 부모의 차갑고 엄한 말투에서 아이는 부모가 화가 났다는 것을 느끼고 스트레스를 받을 수 있다.

칭찬을 하거나 재미있는 동화를 들려줄 때처럼 감정을 과장해야 할 때가 아니라면 부모의 목소리는 항상 부드러운 톤을 유지하는 것이 좋다. 혼을 낼 때도 메시지는 단호하지만, 목소리만큼은 안정적이고 부드러워야 한다.

영유아에게는 당장의 행동 교정보다 행동의 바탕이 될 올바른 태도와 가치관을 갖게 해주어야 한다. 이를 위해서는 아이의 마음이 상처받지 않도록 세심히 배려해야 한다. 나그네의 외투를 벗긴 것은 바람의 위력이 아닌 따뜻한 햇볕의 지혜임을 기억하며 부모는 성숙한 태도로 아이가 스스로 변할 수 있게 유도해야 한다.

〈따뜻한 혼내기의 4가지 원칙〉

하나, 부모의 '화'부터 다스린다.

둘, 현재의 잘못에 관해서만 이야기한다.

셋, 아이 자체가 아닌 잘못한 행위에만 초점을 맞춘다.

넷, 혼을 내야 할 일과 그렇지 않은 일을 구별한다.

다섯, 차분하고 부드러운 목소리로 말한다.

혼내기의 마무리는 '사랑해'

"엄마가 동생 때리지 말라고 했지? 그런데 왜 자꾸 동생을 때려?"

"동생이 내 수첩을 찢었단 말이에요!"

"어머, 그랬구나! 너무 속상했겠다. 그거 우리 딸이 엄청나게 아끼는 수첩인데 동생이 찢었구나."

"네, 그래서 화가 많이 났어요."

"그런데 동생은 왜 누나의 수첩을 찢었을까? 누나가 아끼는 수첩이라서 일부러 찢었을까? 누나를 속상하게 하려고?"

"아니요……. 동생이 실수로 찢었어요."

"동생이 실수로 수첩을 찢었으니 용서해줘야 할까? 아님 콩 하고 한 대 때려줘야 할까?"

이쯤 되면 아이는 대답을 망설인다. 자신이 잘못했다는 것을 깨달은 것이다. 아이가 잘못했을 때도 대화의 첫 단추를 잘 끼우면 아이의 자존감을 지켜주며 바람직한 훈육을 할 수 있다. 아이를 무작정혼내기 전에 왜 그런 행동을 했는가를 살펴 아이의 감정에 공감해주는 것이다. 엄마가 아이의 말을 공감해주면서 대화를 이끌면 아이도자신의 행동이 지나쳤다는 것을 스스로 느낀다.

"앞으로 동생이 실수하면 때려줄 거야, 아니면 용서해줄 거야?"

"용서해줘요."

"역시 엄마 딸이야! 동생도 누나처럼 크면 실수를 덜하게 될 거야.그때까지만 우리가 봐주고 용서해주자."

"네!"

"우리 딸, 정말 고마워. 동생의 실수도 용서해주고, 동생도 잘 돌봐주고. 엄마가 정말 정말 사랑해."

아이가 자신의 잘못을 뉘우치고 더는 그러지 않겠다는 의사를 표현하면 따뜻한 포옹과 함께 사랑한다는 말로 아이의 마음을 토닥여주어야 한다. 부모가 아무리 화를 가라앉히고 최대한 부드러운 분위기로 훈육해도, 아이의 마음은 다를 수 있다. 자신이 잘못한 것에 대해 미안한 마음도 들고 긴장도 될 것이다. 그러니 훈육의 마지막은항상 따뜻한 포옹과 사랑한다는 말로 훈훈하게 마무리해야 한다. 아이는 부모의 태도를 통해 '나의 잘못된 행동이 문제인 거구나. 난 언제나 사랑스럽고 귀한 존재구나.'라는 것을 느낀다.

오감 존중으로
똑똑한 두뇌
만들기

0~5세,
아이 두뇌의 특성을
존중하자

Respectful Child Care

'적게 가르쳐야 많이 배운다!'

OECD 주관 국제학력평가에서 최상위권을 차지하는 교육 강국인 핀란드의 교육 철학이다. 핀란드는 교육 철학에 걸맞게 학교의 정규 수업 시간도 한국보다 훨씬 짧고, 사교육에 소요하는 비용이나 시간도 한국의 3분의 1 수준밖에 되지 않는다.

핀란드가 교육에 할애하는 시간이나 비용이 한국보다 훨씬 적음에도 더 나은 결과를 보이는 비결은 무엇일까? 바로 교육의 바탕에 깊게 깔린 '존중'에서 그 답을 찾을 수 있다. 핀란드는 아이들의 정서와 두뇌의 특성을 존중해 아이가 초등학교에 입학하기 전에 문자와 숫자 중심의 교육을 받는 것을 엄격하게 금지하고 있다. 만 5세 이전에 문자와 숫자 중심의 인지 교육을 강조하는 것은 상상력, 창의력, 사고력 등이 계발되는 것을 방해할 수 있기 때문이다. 대신 그 시기에 놀이 위주의 다양한 경험을 접하게 해 아이에게 즐거움과 행복감을 느끼게 해주고 상상력과 사고력, 창의력 등 두뇌의 힘을 키우는데 집중한다.

영유아의 교육은
'기분 좋은 자극'을 함께 나누는 것

핀란드의 교육 철학대로라면 아이가 초등학교에 입학하기 전까지는 아무런 교육도 하지 말아야 하는 것일까? 아이의 두뇌 발달과 개개인의 특성을 존중하는 방식의 교육이라면 태어나는 그 순간부터 시작해야 한다.

'교육'이라고 하면 막연히 글자를 가르치고 수를 알려주는 '공부'의 개념으로 생각하는 사람들이 많다. 하지만 넓은 의미에서의 교육은 깨달음과 성장을 가능하게 하는 모든 가르침을 의미한다. 특히, 영유아기 때의 교육은 점수나 등수 등과 같은 결과에 집착한 교육이 아닌, 즐거운 놀이를 통해 '기분 좋은 자극'을 주어 아이의 잠재력을 계발해주는 것이다. 핀란드에서 만 5세 이전의 아이에게 문자와 숫자 위주의 교육을 금하는 것 역시 성과나 결과에 집착한 주입식, 문제 풀이 위주의 교육을 하지 말라는 의미이다.

만 0~5세 아이의 올바른 교육을 위해서는 무엇보다 그 시기 아이들의 두뇌 특성을 잘 알고 존중해줄 필요가 있다. 만 5세까지의 영유아의 두뇌는 한 마디로 '까칠한 기분파'이다. 기분이 나쁘거나 마음이 불편하면 꽁꽁 닫혀 버리고, 기분이 좋고 마음이 편하면 빠르고 힘차게 열린다. 그래서 아이의 두뇌를 똑똑하게 만들려면 기분 좋은 자극을 통해 편안하고 즐겁게 접근해야 한다.

두뇌 발달은 정서와 밀접하게 연관되어 있다. 긍정적이고 기분 좋은 자극은 마음을 편안하게 하고 즐겁게 해주어 두뇌 발달의 최고 에너지원이 된다. 하지만 부정적이고 좋지 않은 자극은 과도한 스트레스를 발생시켜 오히려 뇌 발달을 더디게 하거나 방해한다.

그렇다면 아이를 기분 좋게 하는 자극은 무엇일까? 영유아의 뇌에 가장 유효한 자극은 오감을 통해 전해오는 긍정적이고 기분 좋은 경험들이다. 사고력, 기억력, 집중력, 창의력, 상상력, 어휘력 등 뇌의 기본적인 능력들이 아직 완성되지 않은 탓에 본능적으로 타고난 오감에 의지해 아이들은 두뇌의 힘을 키워나간다. 그래서 이 시기에 부모들은 다양한 방식으로 아이의 오감을 자극해주고, 재미있고 신나는 오감 놀이를 통해 두뇌를 계발해주어야 한다. 핀란드에서 영유아들에게 놀이 위주의 다양한 경험을 강조하는 것은 이 같은 의미에서다.

"그렇게 놀기만 하면 글자와 숫자는 언제 가르치나요?"

종종 듣는 질문이다. 신나게 잘 놀아주는 것이 최고의 교육이라고 하니, 만 5세 이하의 아이에게는 아예 '공부'를 시키지 말라는 것인지 의아할 수도 있다.

하지만 만 5세 이하의 아이에게 글자와 숫자를 가르쳐서는 안 된다는 말이 아니다. 아이가 관심을 보이면 그 이전에라도 글자와 숫자를 얼마든지 가르쳐도 된다. 단, 재미있는 놀이를 통해 흥미를 끌고 즐거움을 주어야 한다. 활동하기를 좋아하는 이 시기의 아이들에게 가만히 앉아서 따라 쓰기, 받아쓰기를 하라는 것은 재미는커녕 스트레스로 작용할 수 있다. 한창 뛰어놀아야 할 때 억지로 책상 앞에 앉아 있어야 하니 그 마음이 오죽 불편하고 싫겠는가. 그러니 뇌도 성장할 의욕을 잃고 움츠러든다.

그러니 아이의 두뇌를 똑똑하게 하고 싶다면 부모는 욕심을 내려놓고 그 자리에 아이에 대한 존중을 채워야 한다. 아이가 만 5세가 될 때까지 부모는 재미있는 놀이를 통해 아이의 시각, 청각, 후각, 미각, 촉각과 같은 오감을 골고루 자극해주고, 애정을 충분히 표현해주어야 한다. 그러면 아이의 뇌는 신이 나서 자라나게 되고, 그 누구보다 단단하고 큰 그릇을 만들어낸다.

만 5세까지 뇌의 90%가 완성된다

태어나서 만 5세가 되기까지 아이들의 두뇌는 일생을 두고 가장 빠른 속도로, 가장 크게 자란다. 갓 태어난 신생아의 두뇌는 모든 영역이 미완의 상태이다. 하지만 시각, 청각, 후각, 촉각, 미각 등의 다양한 감각기관을 통해 정보를 받아들이고, 이를 해석해서 의미를 부여하는 등의 과정을 통해 뇌는 빠르게 성장해간다. 그 결과 만 5세가 될 때까지 아이는 성인 수준의 90%까지 두뇌를 성장시킨다.

뇌 과학자들은 뇌의 90%가 완성되는 만 5세까지의 시기를 어떻게 보내느냐에 따라 똑똑한 뇌와 그렇지 않은 뇌가 결정된다고 한다. 만 5세까지 기분 좋고 의미 있는 외부의 자극과 경험들을 많이 제공해줄수록 아이의 뇌가 더 똑똑하게 영글어진다는 것이다.

칼 비테, 몬테소리 등 다수의 교육학자 역시 '모든 아이는 탁월한 잠재력을 가지고 태어나지만, 이를 계발하지 않고 방치해두면 시간이 지날수록 점점 잠재력이 줄어든다.'라는 '재능 체감의 법칙'을 근거로 영유아기의 두뇌계발이 중요하다고 말한다.

나는 그간 아이들을 돌보며 '재능 체감의 법칙'에 대해 너무나 공감했다. 같은 나이와 비슷한 가정환경을 가진 아이라고 해도 주 양육자가 제공하는 교육의 질과 양에 따라 이후의 모습이 달라졌다. 심지어 한 부모에게서 태어난 형제라 할지라도 영유아기 때 다양한 경험과 자극을 주어 풍부한 교육 환경을 만들어주었던 아이와 그렇지 못한 아이는 성장하면서 재능의 차이가 점점 더 커졌다. 내 아이의 잠재력을 한껏 키워줘야 할 시기에 적절한 교육이 따라주지 않았기에 '재능 체감의 법칙'에 의해 재능이 줄어들고 급기야 사라져버리는 것이다.

'재능 체감의 법칙'은 음악이나 미술과 같은 특정 재능에만 적용되는 것이 아니다. 창의력, 사고력, 어휘력, 사회성, 공감 능력 등 인간의 모든 능력과 정서에 적용된다. 그 때문에 다양한 재능뿐만 아니라 훌륭한 품성을 키우기 위해서도 뇌가 활짝 열려 있는 만 5세 이전에 제대로 된 교육이 이루어져야 한다.

세상 모든 아이는 씨앗이다. 아직은 아무것도 아닌 듯 보일지 몰라도 그 안에는 저마다의 특별한 재능과 그것을 꽃피울 수 있는 무한한 잠재력을 품고 있다. 그러니 아이의 일생에서 더없이 중요한 영유아기를 "애가 뭘 알겠어?"라며 무심히 흘려보내서는 안 된다. 아이의 가능성을 믿고 존중하며, 그것을 온전히 피워낼 수 있도록 힘껏 도와야 한다.

잘 놀아야 잘 배운다

영유아는 즐거운 놀이를 통해서 배운다고 하니 '그냥 놀기만 해도 교육'이라고 오해하는 경우가 종종 있다. 놀이가 즐거운 배움이 되고, 두뇌 발달의 효과까지 내기 위해서는 정말 '잘' 놀아야 한다.

'잘' 놀기 위해서는 두 가지의 중요한 원칙이 있다. 먼저 아이의 발달 상황에 맞추는 것이다. 아이의 발달 상황에 맞춰 오감과 운동신경을 단계별로 자극함으로써 인지능력, 창의력, 어휘력, 감성 등을 골고루 성장시켜야 한다.

신생아들의 생애 첫 교육 교재이자 장난감인 모빌만 하더라도 아이의 발달 단계에 따라 활용 방법이 달라진다. 처음에는 그냥 매달아만 두어도 아이들은 그것을 눈동자로 좇으며 잘 논다. 그런데 아이의 시각이 발달해 형태와 색깔을 알아보기 시작할 즈음에는 형태와 색깔이 다른 모빌을 교대로 바꿔주는 것이 좋다. 매일 똑같은 것을 보면 아이의 뇌도 지루해지기 때문이다.

또한, 부모가 모빌을 움직이면서 "안녕, 나는 나비야. 노란색 날개를 멋지게 펼쳐서 향기로운 꽃을 찾아다니지." 하며 아이에게 말을 건네는 것이 좋다. 부모의 다정한 목소리와 함께 전달된 정보들은 아이의 두뇌에 차곡차곡 쌓여 어휘력, 사고력, 상상력 등 다양한 영역을 발달시켜준다.

'잘' 놀기 위한 중요한 원칙 중 두 번째는 '부모와 함께 놀기'이다. 혼자 걷기 전까지 아이의 놀이는 제한적이다. 그래서 대부분 부모는 장난감을 흔들어주고 그림책을 보여주며 아이와 놀아준다. 그런데 돌을 전후해서 걷기 시작하고 근육의 움직임이 정교해지면서 아이는 혼자서도 제법 잘 놀기 시작한다. 그림책도 혼자 넘기고 장난감을 펼쳐놓고는 혼자 중얼거리기도 한다. 아기가 혼자서 잘 노는 것 같으면, 부모들은 흐뭇한 미소를 지으며 슬쩍 놀이에서 빠지곤 한다. 영유아가 혼자 놀면서 능동적으로 주변을 탐색하고 놀잇감을 탐구하는 것은 좋은 행위이다. 한데, 여기에 부모가 함께 놀아주는 행위가 병행되면 그 효과는 배가 된다. 즉, 혼자 놀기와 같이 놀기 둘 다 필요하다.

함께 놀 때는 부모가 아이에게 여러 가지 말을 건네주면 좋다. 예를 들어, 아이가 여러 가지 색의 공을 가지고 놀고 있다면, "우와! 예쁜 색깔의 공들이 참 많네. 엄마한테 빨간색 공 하나만 선물로 주면 안 될까?", "고마워요. 그런데 엄마는 파란색 공도 선물로 받고 싶네." 하며 색깔별로 공을 골라오게 한다. 이때 아이는 색과 색의 이름을 연결 짓고, 시각과 운동신경을 연결 짓고, 더불어 내 것을 다른 사람에게 나눠주는 좋은 품성까지 함께 배운다.

공놀이를 이어가 보자면, "와! 네 덕분에 엄마한테 공이 이렇게나 많이 생겼네. 같이 세어볼까? 하나, 둘, 셋……." 하면서 아이에게 숫자의 개념도 깨우쳐줄 수 있다. 그리고 "엄마 공은 6개이고, 네 공은 2개이네. 누가 더 많이 가졌을까?" 하며 많고 적음의 개념도 자연스럽게 학습시킬 수 있다.

〈두뇌 발달에 효과적인 놀이교육〉

하나, 놀이를 아이의 발달 상황에 맞춘다.

둘, 부모가 상호작용을 하며 함께 놀아준다.

부모는 놀이에 대한 아이의 반응을 살피며 조금씩 단계를 발전시켜 나가도 좋다. 예를 들어, 밀가루 반죽 놀이라면 아이가 반죽을 덩어리로 뭉치는 것에 익숙해진 후에는 그것을 동그랗게 혹은 납작하고, 길게 모양을 낼 수 있도록 유도한다. 그것이 익숙해지면 다음 단계로 모양낸 것들을 조합해 사물을 완성하도록 유도한다.

부모와 함께하는 놀이를 통해 아이는 인지 발달이나 행동 발달의 즉각적인 효과를 거둘 수 있을 뿐만 아니라 이후에도 그 효과를 계속 이어갈 수 있다. 부모와 놀면서 여러 가지 놀이 방법을 익힌 아이들은 유치원에 들어가 친구들과 놀이할 때도 더 재미있게 놀기 위해 다양한 놀이방법을 궁리하고, 더 적극적으로 참여하며, 난이도를 조금씩 높여서 성취감도 추구한다. 그 과정에서 아이들은 사고력과 창의력, 그리고 도전 정신을 스스로 키워나간다.

시각적 호기심을
존중하자

Respectful Child Care

딸이 태어나고 40일 정도 지났을 무렵, 나는 문구점에 가서 풍선을 사 왔다. 아이의 머리맡에 모빌을 매달아두긴 했지만 좀 더 다양한 색상과 놀이로 아이를 즐겁게 해주고 싶었다.

"혜미야, 이것은 풍선이란다. 파란 풍선이야."

나는 다양한 색의 풍선을 아이가 보는 앞에서 직접 불어서 하나씩 차례로 흔들어보였다. 그리고 색깔도 말해주었다.

방긋방긋 웃으며 나와 풍선을 번갈아 쳐다보던 아이는 빨간색 풍선을 흔들어 보이니 갑자기 양팔과 다리를 버둥거리며 무척이나 즐거워했다. 아이의 이런 반응이 너무 신기해서 나는 다시 다른 색상의 풍선을 보여주었다. 그런데 빨간색 풍선을 보여줄 때보다 반응이 조금 덜했다. 초록색과 파란색 풍선에는 작게라도 손을 흔들어 보였는데, 흰색 풍선에는 아예 반응이 없었다. 다시 빨간색 풍선을 보여 주며 흔들어주었더니, 처음처럼 팔다리를 마구 흔들어대고 소리까지 지르며 좋아했다. 풍선을 바꿔가며 몇 번을 반복해도 이전과 같은 반응을 보였다.

'아! 우리 딸이 빨간색을 좋아하는구나!'

그날 이후, 나는 태어난 지 얼마 안 된 신생아들이 색상을 구별한다는 사실과 좋아하는 색상이 있다는 것을 알게 됐다. 그래서 한동안 빨간색이 많이 들어간 화려한 원색의 옷을 입고 아이와 놀아주었다.

보는 만큼 열리는 세상

흔히 여자아이가 태어나면 분홍색, 남자아이가 태어나면 하늘색으로 된 옷이나 이불, 소품 등을 선물한다. 그런데 의학박사 김영훈 교수의 저서 《영재 두뇌 만들기》에 소개된 연구 결과에 의하면 신생아들도 선호하는 색이 따로 있다고 한다. 6개월 이전의 신생아들은 분홍색과 같은 파스텔 계열의 색상보다는 빨강, 파랑, 노랑, 초록 등의 원색에 더 오랫동안 반응을 보였다. 최소한 생후 6개월 정도는 되어야 파스텔 계열의 중간색을 알아본다고 한다.

또한, 태어난 지 얼마 안 된 신생아는 여러 색상 자극에서 빨간색을 가장 오랫동안 응시했고, 파스텔 계열의 중간색에는 별다른 반응이 없었다고 한다. 빨간색 다음으로 오랫동안 응시한 색은 노란색이며 흰색은 가장 짧게 바라보았다. 신생아들이 반응하는 색에 대한 연구는 이후에도 여러 학자에 의해 진행되었고, 그 결과도 조금씩 차이가 있기는 하다. 하지만 적어도 신생아들이 우리가 알고 있는 정형화된 색에만 반응을 보이는 것은 아니란 것이 공통된 연구 결과이다.

신생아는 월령에 따라 구별할 수 있는 색상이 제한적인 만큼 6개월 이전의 아기들은 선호도가 높은 원색의 장난감으로 놀아주면 시각적인 효과가 훨씬 크다. 부모의 옷이나 방 안의 장식품, 그림책들도 아이의 시각발달에 따른 색상을 활용하면 두뇌 발달에 도움이 된다. 좋아하는 색을 활용해주는 작은 존중만으로도 아이는 기분이 훨씬 더 좋아지며, 뇌도 한껏 열리게 된다.

아이는 청각이나 후각, 미각보다 발달이 덜 된 상태로 태어난다. 하지만 출생 이후에는 다른 감각기관보다 훨씬 더 적극적이고 활달하게 발달한다. 색상을 구별하는 능력 외에도 출생 시에 눈앞 25cm 이내만 응시할 수 있었던 시각이 매일 조금씩 발달해 1개월이 지나면 초점거리가 60cm 정도로 확장된다. 또 4개월이 되면 초점을 맞추는 근육을 마음대로 조절할 수 있게 되어 움직이는 사물을 눈으로 따라가는 것이 자유롭고 원근감도 생긴다. 그리고 생후 6개월이면 어른들과 크게 다르지 않은 시각을 갖게 된다.

시각을 담당하는 후두엽이 활발하게 발달하는 생후 6주부터는 다양한 시각 자극을 제공해주어야 한다. 부모의 얼굴을 멀어졌다 가까워졌다 해 보이며 거리감을 가르쳐주고, 오른쪽 왼쪽으로 움직이며 아이의 눈동자가 따라오게 하는 운동도 도움이 된다.

흰색에 대한 집중력이 커지는 생후 2개월 무렵부터는 흰색과 검은색의 대비 효과를 활용한 다양한 패턴으로 초점 능력을 키우고 집중력도 향상시켜줘야 한다. 대비 효과를 활용한 패턴 교육은 배경과 사물을 구별하는 '도형-배경 변별 능력'을 발달시켜준다. 또 색상의 선명한 대비는 사물의 가장자리를 구별하는 훈련을 하게 해줘서 형체를 분명하게 인식하는 데 도움이 된다.

이처럼 신생아기의 시각적인 자극은 단순히 시력을 좋게 하고 시각적인 정보를 수집하는 것에만 그치지 않는다. 다양한 시각적 경험은 호기심을 자극하고 운동신경을 발달시키며, 사고력과 집중력을 키우는 강한 힘이 된다.

"좋아하는 색을 활용해주는 작은 존중만으로도 아이의 뇌는 한껏 열린다."

전문가들은 아이가 목에 어느 정도 힘을 줄 수 있게 되면 엎드려서 놀게 하는 것이 시각 발달에 도움이 된다고 조언한다. 누워서 보던 것과는 또 다른 각도로 세상을 접하게 되고, 누워서는 볼 수 없던 다양한 것을 볼 수 있게 되니 아이의 만족감도 그만큼 커진다. 또 더 많은 것을 보기 위해 고개를 들어 올리고 돌리는 행동을 통해 운동신경도 덩달아 발달한다. 물론 완전히 목을 가누고 뒤집기를 할 수 있기 전까지는 엎드려 놓았을 때 부모가 아이에게서 한시도 눈을 떼지 않아야 한다.

엎드리는 것 외에도 부모의 무릎 위로, 품으로, 때로는 유모차를 활용해 이리저리 세상을 탐색하며 다양한 시각적인 정보를 제공한다면 아이의 뇌는 활짝 열린다. 이때 부모의 다정한 목소리는 선택이 아닌 필수이다. 아이가 무엇을 바라보는지를 세심히 살펴 그 사물에 대해 간략하게 소개를 해줌으로써 세상을 더욱 친근하게 받아들일 수 있도록 배려해야 한다.

같은 사물이라도 보는 각도나 위치에 따라서 다르게 보일 수 있다는 것은 말이 아닌 경험으로 익히는 깨달음이다. 아이는 한 자리에 가만히 누워 있다면 결코 알 수 없는 것들을 몸을 움직이면서 경험하고 깨닫는다. 아이의 두뇌는 그렇게 이전의 정보와 새로운 정보를 결합하고 조합하며 활발하게 힘을 키워간다.

오감을 존중하면
뇌가 웃는다

Respectful Child Care

"오늘은 과일 이름을 공부해볼까? 이건 사과야, 사과! 사과는 빨갛고 동그래."

"사과!"

"옳지! 사과. 그리고 이건 바나나야, 바나나! 바나나는 노랗고 길어."

"바나나!"

오늘도 엄마는 그림카드를 펼쳐 보이며 유리에게 다양한 사물들의 모양과 이름을 가르쳐준다. 13개월에 접어든 유리는 이제 간단한 단어들은 곧잘 따라 하고 기억하기도 한다. 덕분에 엄마는 요즘 유리를 가르치는 재미에 푹 빠져있다. 오늘은 과일 이름 10개를 가르쳐주고 따라서 말하게 하는 것이 목표이다.

많은 부모가 그림카드를 통해 아이에게 사물의 모양과 이름을 가르치고 있다. 시각적인 자극에 부모의 목소리를 더해서 사물의 이름을 익히는 것은 단순히 글자로 단어를 가르치는 것보다 더 좋은 방법이다. 그런데 그림이나 사진이 아닌 진짜 사과를 보여주면 어떨까?

'빨강'이라는 단어 표현으로는 부족한 진짜 사과의 색깔, '동그랗다'는 말로는 규정할 수 없는 진짜 사과의 형체를 아이가 직접 보고 만져보게 한다면 사과에 대한 이해가 훨씬 쉬울 테다. 그림이나 사진으로는 느낄 수 없었던 사과의 반질반질한 감촉, 달콤하고 풋풋한 향과 맛, 그리고 씹을 때의 아삭거리는 소리까지 듣는다면 아이는 훨씬 더 입체적인 방식으로 사과를 알게 된다.

감각이 발달한 아이가 똑똑하다

사진이나 그림을 보며 과일의 이름을 알게 된 아이와 직접 만지고 맛을 보고 향을 맡으며 오감을 통해 과일의 이름을 익힌 아이 중 누구의 뇌가 더 좋은 자극을 받을까? 당연히 후자일 것이다.

보고 듣고 냄새를 맡고 맛을 구별하고 피부 감각을 통해 느끼는 것은 누구나 타고나는 가장 기본적인 능력이자 본능이다. 이것을 얼마나 잘 활용하느냐에 따라 두뇌의 힘은 크게 달라진다.

뇌 과학자들의 연구 결과에 따르면, 두뇌 속의 신경망은 외부로부터 자극을 받을수록 서로 더 많이 연결되고 촘촘해지며, 신경망이 촘촘하게 연결될수록 인지 발달은 강화된다고 한다. 영유아기에는 일생을 통틀어 그 어느 때보다 감각기관이 우수하고 민첩하게 작동하며, 이를 통해 얻은 정보를 아주 빨리 흡수한다. 그리고 다양한 감각 자극과 경험들을 통해 신경망을 더 촘촘하게 연결시킨다. 그래서 이 시기에 부모는 아이에게 오감 자극을 통해 유익한 감각 정보들을 다양하게 제공해주어야 한다.

사물을 직접 보여주며 느끼게 하는 오감 교육은 신생아기부터 시작해도 된다. 말을 하지 않을 뿐이지 아이의 뇌에는 그 모든 것이 차곡차곡 쌓이고, 그것들이 자산이 되어 더 많은 것을 생각하고 상상하고 창조해나간다.

> "영유아들은 다양한 감각 자극과 경험들을 통해 신경망을 촘촘하게 연결시킨다."
>
> "신경망이 촘촘하게 연결될수록 인지발달은 강화된다."

오감 자극 놀이를 위해 굳이 비싼 교구를 사거나 전문적인 교육프로그램에 참여할 필요는 없다. 교구나 프로그램의 품질보다 더 중요한 것은 부모의 지속적인 노력이다. 아이들의 뇌는 비싼 교구나 훌륭한 프로그램이 아닌 매일 꾸준히 놀아주는 부모의 사랑과 정성에 의해 열리고 성장한다.

집에 있는 여러 가지 물건과 재료들, 그리고 집 밖에서 볼 수 있는 자연도 충분히 훌륭한 교구가 된다. 또 책이나 인터넷 정보 등을 통해 다양한 오감 자극 놀이법을 메모해두고, 집에 있는 여러 재료를 활용해 아이와 재미있게 놀면 된다.

아이를 다치게 하거나 입에 넣으면 안 되는 재료가 아니라면 그 무엇이라도 좋다. 그중에서도 특히 냉장고 속 식재료는 오감을 골고루 자극해줄 훌륭한 교구이다. 게다가 혹시라도 놀이 도중에 아이가 그것을 입에 넣더라도 그다지 문제가 되지 않는다.

쌀이나 콩과 같은 알갱이 형태의 곡물류는 투명한 플라스틱 통에 넣어 흔들어서 소리를 듣게 해준다. 그러면 아이는 알갱이가 큰 것과 작은 것의 소리가 다르다는 것을 느낄 수 있다. 또 두부는 통째로 아이에게 주어, 눌러도 보고 으깨도 보고 냄새 맡고 맛도 보게 하면 좋다.

밀가루처럼 형태가 정해져 있지 않은 재료는 창의력 발달에 좋다. 처음에는 가루 형태로 그냥 촉감을 느끼게 해주고, 물과 식용유를 조금 넣어주어 아이가 마음껏 조물거리며 형태도 만들어보도록 해준다. 밀대로 밀어도 보고 모양틀로 모양도 찍어보면서 형태의 변화를 관찰한다. 이때 시금치즙이나 당근즙과 같은 식용색소도 섞어 색깔의 변화도 함께 보여주면 좋다.

아이와 함께 오감 자극 놀이를 할 때 부모는 항상 다정한 목소리로 말을 걸어주고 설명을 해줘야 한다. 부모의 다정한 목소리를 통해 전해오는 청각적인 자극은 정보 습득은 물론이고 아이에게 정서적인 안정감을 전해주어 두뇌 발달의 시너지 효과를 낼 수 있다. 자신을 위하고 존중하는 부모의 태도에서 아이는 정서적인 안정감을 느껴

편안하게 놀이에 집중하고, 오감을 통해 마음껏 정보를 받아들인다.

놀이가 즐겁고 교육적인 효과를 내기 위해서는 아이를 존중하는 마음이 늘 바탕에 깔려야 한다. 예컨대 밀가루 놀이를 하자고 해놓고 아이가 어지르면 야단을 치거나, "여기서 이렇게만 놀아."라며 이것저것 제한을 둬서는 안 된다. 치우는 것에 대한 부담과 스트레스가 크다면 그런 부담이 적은 놀잇감을 선택하는 게 낫다. 아니면 놀이를 할 때 큰 비닐이나 신문지를 넓게 깔아두면 아이가 편안하게 놀 수 있고, 놀이가 끝난 후 부모가 쉽게 치울 수 있다.

오감을 자극하는 놀이가 두뇌 발달에 도움이 된다고 해서 아이가 싫어하는 놀이를 강요하거나 피곤해하는 아이를 억지로 놀게 해서는 안 된다. 또 집중해서 즐겁게 놀고 있는 아이에게 굳이 다른 자극을 경험하게 해주겠다고 새로운 놀이를 강요할 필요는 없다. 어떤 놀이를 하든지 항상 그 바탕에는 '즐거움'이 깔려야 한다. 놀이에 부모의 욕심이 개입되는 순간 아이는 즐거움을 잃는다.

손은 외부의 뇌다

'손은 외부의 뇌다'라고 철학자 칸트가 말했다. 그의 말처럼 손은 두뇌계발과 가장 관련이 깊은 신체 기관이다. 손은 뇌와 밀접하게 정보를 주고받으며 정교한 움직임으로 많은 일을 해낸다. 잡고 만지는 등의 움직임 외에도 촉각을 통해 외부의 정보를 뇌에 전달하는 감각 기관의 기능도 수행한다.

우리 몸에서 손이 차지하는 부피는 얼마 되지 않지만, 뇌에서 손이 차지하는 비중은 아주 크다. 캐나다의 대뇌생리학자 와일더 펜필드wilder Penfield 박사의 발표에 의하면, 뇌에서 손을 담당하는 부분이 전체 대뇌피질 면적의 4분의 1이나 된다고 한다. 그만큼 손과 뇌는 긴밀하게 연결되어 움직인다.

우리 뇌의 대뇌피질은 판단력, 사고력, 창의력 등의 인지능력을 담당하는 영역이다. 그러니 인지능력을 발달시키기 위해서는 대뇌피질을 활발하게 자극해 신경망을 더욱더 촘촘하게 만들어야 한다. 이것이 부모들이 아이들의 손을 부지런히 움직여줘야 하는 가장 큰 이유이다.

손을 활용한 활동은 신생아 시기에도 충분히 가능하다. 갓난아기들은 손에 뭔가가 닿으면 반사적으로 주먹을 쥔다. 의지가 아닌 본능적인 행동이다. 이런 손의 반사 행동을 통해 뇌는 손을 움직이는 데점차 익숙해진다. 그래서 이 시기부터는 아이의 손에 부모의 손가락이나 부드러운 천 등을 닿게 하여 주먹 쥐기 놀이를 해주면 좋다.

대부분 아이는 5개월을 전후해서 눈과 손의 협응이 가능해진다. 눈을 통해 들어온 시각 자극에 뇌는 '그것을 잡아라' 하고 명령하고 손이 그 명령을 충실히 수행하는 것이다. 이때부터 놀이를 통해 꾸준히 눈과 손의 협응력을 키워주면 두뇌 발달을 도울 수 있다.

아직 손놀림이 서툰 아이는 가까이에 천으로 된 공이나 장난감을 두어 손으로 잡게 하고, 아이가 제힘으로 앉을 수 있고 손놀림이 제법 정교해지면 플라스틱 집게를 이용해 장난감을 상자에 넣는 놀이,

콩을 하나씩 손에 쥐어 접시에 담는 놀이 등을 통해 협응력을 키울 수 있다.

이 외에도 레고 놀이, 블록 쌓기, 간단한 나무 구슬 꿰기, 숟가락질, 가위질, 색칠 놀이, 종이접기, 운동화 끈 매기 등 아이의 소근육 발달 단계에 맞춘 다양한 놀이를 통해 손의 움직임을 정교하게 훈련함으로써 뇌를 더욱 발달시킬 수 있다.

아이들과 함께하는 모든 놀이가 그러하지만, 특히 손의 정교함을 훈련할 때는 무조건 지켜보며 기다려주어야 한다. 아이의 속도를 존중해주어야 하는 것이다. 아이의 입장에서는 고도의 집중력을 요구하는 과제이기에 느리더라도 성공하는 것이 중요하다. 성공을 통해 만족감을 얻은 아이는 더 높은 단계의 과제에 도전하고 싶어 한다. 이때 부모가 답답한 마음에 도와준다거나 닦달하면 아이는 이내 놀이에서 흥미를 잃게 되어, 집중력도 낮아지고 도전 의식도 사라지니 주의해야 한다.

아이존중 Tip

두뇌 쑥쑥, 오감 놀이

다양한 식재료를 활용해 미각을 일깨우자

감자, 고구마, 옥수수, 양배추 등 삶거나 데쳐서 먹을 수 있는 다양한 식재료로 조리 전과 후의 촉감, 냄새, 맛 등을 비교해보자. 같은 식품이지만 물과 함께 뜨거운 열이 가해지면 더 부드러워지고 향이 깊어지며 먹기에도 좋은 상태로 변한다는 것을 알게 된다.

물과 얼음으로 물질 변화를 알아본다

투명한 플라스틱 컵에 물을 넣어서 냉동실에 넣어두고 일정한 간격으로 관찰하며 물이 얼음이 되는 과정을 살펴보자. 시각적인 변화와 촉감의 변화 등을 통해 같은 물질이라도 온도에 따라 모양과 성질이 바뀔 수 있음을 깨닫게 된다.

나뭇잎으로 다양한 색과 촉감을 익힌다

다양한 모양의 나뭇잎을 주워 와서 물감을 묻혀 도장 찍기 놀이를 해보자. 나뭇잎을 주우며 모양을 비교하고 관찰하게 되고, 도장 찍기 놀이를 하며 나뭇잎의 촉감을 느낀다. 또 여러 색의 물감을 칠함으로써 색감도 익힐 수 있다.

리본 막대 놀이로 신나게 리듬을 배운다

나무젓가락 끝에 리본을 붙여 음악에 맞춰 몸을 흔들며 놀아보자. 이때 손목을 어떻게 사용하느냐에 따라 리본이 흔들리는 모양이 달라짐을 느끼게 해준다. 리본 막대 놀이를 반복하는 동안 아이는 자신이 원하는 모양으로 리본이 춤추게 하려면 손목을 어떻게 휘둘러야 하는지를 스스로 깨닫고 연습한다.

다양한 주방 도구로 타악기 연주를 해보자

빈 깡통, 플라스틱 반찬통, 주전자, 냄비 등 주방의 다양한 도구들을 활용해 타악기 놀이를 해보자. 나무젓가락 끝에 부드러운 천을 둥글게 말아 막대 봉을 만들어 주면 소리의 울림이 더 커진다.

각 악기가 내는 소리의 차이를 알게 되면, 그 소리를 활용해 박자 감각을 훈련해보자. 아이가 즐겨듣는 음악을 틀어놓고 타악기를 두드리며 박자 놀이를 하면 된다. 이때 억지로 박자를 가르치기보다는 부모가 입으로 '쿵작 쿵작' 소리를 내어주며 아이 스스로 리듬감을 익히도록 유도한다.

오감으로
향상시키는
우리 아이 기억력

Respectful Child Care

"이 책은 백설공주라는 책이에요. 옛날에 정말 예쁘고 착한 백설 공주님이 살았어요. 그 공주님은 아주 멋진 왕자님과 결혼을 하고, 행복하게 살았어요."

딸이 태어나서 한 달 정도 되던 어느 날, 나는 《백설 공주》 동화책을 아이에게 보여주며 백설 공주에 대한 이야기를 들려줬다. 다음 날도 책 표지를 보여주며 똑같은 방식으로 이야기를 들려줬다. 그리고 그 다음 날도 똑같이 했다.

책을 보여준 지 사흘째 되는 날이었다. 아기는 눈을 반짝이면서 뭔가 알아보는 듯한 표정을 지었다. 마치 "어, 나 그거 본 적 있는

데?"라고 하는 것처럼 말이다. 처음에는 단순히 느낌일 뿐이라고 생각했지만, 나중에도 확신이 들면서 혹시 내 아이가 특별한 능력을 갖추고 태어난 천재가 아닐까 하는 기대도 했다.

20년이 훌쩍 넘은 긴 세월이 지난 뒤, 나는 손녀 희원이를 돌볼 때에도 같은 경험을 했다. 당시 희원이는 생후 1개월이 갓 지난 때였는데, 손녀가 지내던 방의 벽에 새 사진들을 붙여뒀다. 내가 새를 좋아하기도 했지만, 손녀를 돌보며 혹시나 무료함이 밀려올까 봐 아이에게 이런저런 이야기를 건넬 수 있는 것들을 준비해둔 것이다.

아이가 깨어 있을 때 나는 참새, 까치, 두루미, 공작 등의 새들을 보여주며 이름과 소리 등을 간략하게 설명해줬다.

"얘는 참새인데, 참새는 짹짹짹 하고 노래를 부른단다. 그리고 얘는 까치야. 까치는 손님들이 오면 반갑다고 깍깍 소리친대."

너무 많이 얘기를 해주면 스트레스가 될 수도 있어서 딱 그 정도만 얘기해줬다. 다음 날도, 또 그다음 날도 나는 사진 속의 새들을 보여주며 같은 이야기를 들려줬다. 그런데 신기하게도 사흘째 되던 날에 희원이는 오래전 제 엄마와 같은 눈빛을 보여주었다.

"아, 그거 나 들어본 얘긴데? 나 그거 아는데!"

마치 이렇게 말하는 것 같았다. 물론 내 느낌이 정확한 것인지 확인할 수 없었고, 만약 그렇다고 해도 내가 들려준 이야기의 내용을 기억하는 것인지, 목소리의 억양과 리듬을 기억하는 것인지는 알 수 없었다. 하지만 이제 겨우 생후 한두 달 된 갓난아기들에게서 그런 느낌을 받았다는 것 자체가 무척이나 신기하고 놀라웠다.

오감을 활용하면 훨씬 오래 기억한다

과학자들의 연구에 따르면 내가 딸과 손녀에게 받았던 느낌이 단지 '착각'만은 아니었다. 태아들의 기억력에 관한 유명한 실험이 있다. 노스캐롤라이나 대학의 앤서니 드 캐스퍼Anthony De Casper 교수는 임신 9개월 차의 엄마들에게 일주일에 2번씩, 6주 동안 《모자 속의 고양이》라는 동화책을 태아에게 읽어주게 했다. 그리고 태어난 지 52시간 후에 신생아에게 이어폰과 결합된 젖병을 주고 엄마가 아닌 다른 여성의 목소리로 《모자 속의 고양이》와 다른 동화책을 번갈아 들려주었다.

연구진은 동화에 반응해 아기가 우유를 빨아들이는 속도의 변화를 측정했는데, 이 실험에서 90%에 가까운 아기들이 엄마 뱃속에서 들은 《모자 속의 고양이》 동화가 나올 때 더 빨리 우유병을 빨았다고 한다.

물론, 이런 반응은 아기들이 동화의 스토리를 기억했을 수도, 혹은 해당 동화책을 읽어줄 때의 고유한 소리 패턴을 기억했을 수도 있다. 그게 무엇이든 신생아들은 어느 정도의 기억력을 가지고 태어나는 게 분명하다.

학자들의 연구에 따르면, 신생아들은 출생 후 기억력이 점차 발달하여 태어난 지 1~3개월 정도가 되면 엄마의 목소리와 냄새를 구별한다. 그리고 3개월 무렵부터는 맛도 구별할 수 있어서 모유에서 분유로 바꾸는 등의 변화를 알아챈다.

4~6개월이 되면 엄마와 아빠처럼 항상 함께 있는 가족의 얼굴을 알아보기 시작한다. 또 딸랑이나 누르면 소리가 나는 동화책 등을 반복해서 작동해주면 어느 순간 혼자서 딸랑이를 흔들거나 동화책의 버튼을 눌러 소리를 내게 한다. 그리고 한 번 본 이미지나 그림을 2주 정도 기억할 수 있는 능력도 생긴다.

생후 8개월이 되면 엄마를 비롯한 익숙한 사람들의 얼굴과 낯선 사람의 얼굴을 구별하는 능력이 생겨 낯가림을 시작한다. 이때 단순히 얼굴을 기억하고 구별만 하는 것이 아니라 익숙하지 않은 사람이 자신을 쳐다보거나 가까이 오는 것을 거부하며 울어대기도 한다. 이후로 아이들의 기억력은 점점 더 발달하여 과거의 일들을 제법 선명하게 기억해내기 시작한다. 보통 생후 12개월이면 1개월, 생후 16개월이면 4개월, 만 3세가 지나면 1~2년 전의 특정 사건이나 장면도 또렷하게 기억할 수 있다고 한다.

기억력은 그 자체만으로도 훌륭한 능력이지만, 실생활에서는 단독으로 활용되기보다는 창의력, 사고력, 논리력 등의 다른 능력들과 결합해서 문제를 해결하거나 새로운 것을 창조해내는 일을 한다. 요리로 치자면 기억력은 다양한 재료와도 같다. 제아무리 요리 실력이 뛰어나도 재료가 없으면 아무것도 만들어낼 수 없듯이 머릿속에 여러 가지 정보들을 잘 축적해 두지 않으면 그것을 꺼내 적절한 곳에 활용할 수도 없다.

기억력도 다른 감각이나 능력처럼 영아기부터 놀이나 환경, 생활 습관을 통해 충분히 계발할 수 있다. 특히, 7~8개월 무렵에는 '까꿍

놀이'를 통해 기억력을 훈련하고 '대상 영속성' 능력을 익힐 수 있다. '대상 영속성'은 눈에 보이던 물건이 갑자기 어떤 것에 가려져 보이지 않아도, 그것이 여전히 그곳에 존재한다는 사실을 아는 능력을 말한다. 6개월 이전의 아기들은 바로 앞에 놓인 장난감을 손으로 가리거나 손수건으로 가리면 장난감이 사라졌다고 생각한다. 아직 '대상 영속성'의 개념이 형성되지 않았기 때문이다.

기억력을 향상시키는 놀이는 일찍 시작할수록 좋지만, 아이의 성장 수준에 맞는 놀이법을 선택해야 한다. 영유아기 때의 기억력은 단순히 정보에 반복적으로 노출된다고 해서 계발되는 능력이 아니다. 기억력은 감정과도 밀접하게 연결이 되어 있어서 즐겁고 행복한 감정으로 경험한 것들을 오래 기억한다. 그래서 주입식의 반복 학습이 아닌 다양한 경험과 놀이로 접근해야 한다.

오감을 통해 들어온 모든 자극이 우리 뇌에 기억되는 것은 아니다. 단 몇 초 만에 사라지는 자극도 있고, 단기간 혹은 장기간 저장되는 기억도 있다. 짧은 시간 저장되는 단기 기억은 보통 몇 분에서 며칠까지 지속하는데, 반복해서 암기하는 등의 노력을 하지 않으면 모두 사라진다. 이에 비해 아주 오랫동안 저장되는 장기 기억은 웬만해서는 잘 잊어버리지 않는다. 사고력, 창의력, 논리력 등의 다양한 두뇌 활동에 재료로 쓰일 유용한 정보들을 더 많이, 더 오랫동안 저장해두기 위해서는 오감을 통해 습득한 다양한 자극들을 단기 기억에서 장기 기억으로 옮겨올 필요가 있다.

단기 기억이 장기 기억이 되기 위해서는 앞서 말했듯이 반복해서 암기하거나 반복해서 같은 자극을 경험하는 등의 노력이 필요하다. 그런데 영유아기에 무언가를 암기해서 기억한다는 것은 자칫 스트레스를 유발해 오히려 뇌 발달에 역효과를 줄 수 있다. 그래서 영유아기에 단기 기억을 장기 기억으로 보내려면 자연스럽게 반복해서 같은 자극을 경험하게 하여 '중요한 기억'으로 분류하게 해야 한다.

반복적인 경험 외에도 장기 기억에 저장되게 하는 방법 중 다양한 오감 자극을 활용하여 아이들의 기분을 더 즐겁게 해주는 방법이 있다. 단순히 정보를 반복 노출하는 것보다 감정을 활용할 때 기억력이 향상되는 효과가 훨씬 더 크다. 예를 들어, 동화책을 읽고 그 내용을 오랫동안 기억하려 할 때, 단순히 반복해서 눈으로 여러 번 읽는 것보다 소리 내어 읽는 것이 더 효과적이다. 표정, 몸짓, 효과음 등 시각과 청각을 다양하게 자극해주는 것도 좋다. 여기에 부모의 따뜻한 품이나 부드러운 스킨십까지 더해주면 촉각과 후각까지 자극할 수 있고, 아이의 마음도 편안하게 해주므로 훨씬 더 잘 기억된다.

노래를 부를 때도 그냥 노래만 부르는 것보다는 율동을 하면서 노래를 부르면 더 잘 기억된다. 또 집을 벗어나 공원의 잔디밭에서 부모와 함께 율동을 하며 노래를 부른다면, 노래는 물론이고 그날의 평화로운 공원의 정경, 시원한 바람의 감촉, 향기로운 풀냄새와 더불어 자신을 사랑해주던 부모의 환한 미소까지 오래도록 선명하게 기억하게 된다.

아이존중 Tip

놀면서 쉬면서 채우는
우리 아이 기억력 놀이

학습과 놀이에 스킨십으로 시너지를 더해라

촉각은 여러 감각기관 중에 가장 예민한 기관이라 질 활용하면 기억력 향상에 큰 시너지를 낼 수 있다. 게다가 부모의 스킨십과 같은 긍정적인 촉각 자극은 정서적으로도 큰 만족감을 준다. 그냥 그림책을 읽어주기만 하는 것보다 아이를 안고 피부를 쓰다듬으며 그림책을 보여주는 것이 기억력을 더 크게 향상시키는 것은 당연한 결과이다.

충분히 재워라

영유아기에는 잠을 푹 자는 것만으로도 기억력이 향상될 수 있다. 이는 미국, 독일 등의 전문 연구진들이 다양한 실험을 통해 밝혀낸 사실이다. 특히, 잠들기 전에 학습을 하면 효과가 더욱 커진다고 하니 잠들기 전에 그림책이나 동화책을 읽어주도록 하자.

까꿍! 엄마 여기 있네

아기의 앞에서 잠시 놀아주다가 천이나 신문지 등으로 얼굴을 완전히 가리며 "엄마 없다!"라고 한다. 그리고 잠시 후 천이나 신문지를 치우며 밝고 경쾌한 목소리로 "까꿍! 엄마 여기 있네!"라고 말한다. 이때 환하게 웃어주면 아이는 호기심과 흥미를 더 크게 느낀다.

부모 얼굴 외에도 인형으로 까꿍놀이를 할 수도 있다. 이때는 아기에게 "인형이 어디 있지?"라며 질문을 던져 아이가 인형의 얼굴을 가린 천이나 신문지를 직접 치우도록 유도하는 것도 좋다.

익숙함에 새로움을 추가하라

아직 몸을 자유롭게 움직이지 못하는 어린 아기는 벽에 걸린 그림이나 천장의 모빌을 새로운 것으로 바꾸어준다든지 작은 소품 가구들의 위치를 옮기는 등 환경에 변화를 주어 기억력을 자극하는 것도 좋다. 또 주기적으로 침구를 바꿔주면 촉감에 대한 기억력을 향상시킬 수 있다. 산책을 할 때도 늘 가던 익숙한 길이 아닌 가끔은 새로운 길로 가보는 것도 좋다. 아이는 낯선 길을 탐색하며 시각, 청각, 후각적인 자극들을 기억 창고에 저장해둔다.

오감으로
향상시키는
우리 아이 집중력

"우리 아들, 퍼즐 놀이 하는구나. 아빠가 좀 도와줄까?"

퍼즐을 앞에 두고 이리저리 고민하는 현수의 모습이 안타까워 아빠가 슬쩍 끼어들었다.

"아니, 내가 할래요."

자기가 해보겠다는 말에 현수 아빠는 옆으로 물러나긴 했지만, 바로 눈앞에 답을 두고도 헤매는 현수의 모습에 이젠 답답함까지 밀려왔다.

"여기, 여기……."

보다 못한 아빠는 현수가 애써 찾던 퍼즐 조각을 손으로 가리키며 도움을 주었다.

"아빠가 다 가르쳐줬잖아. 근데 왜 안 맞춰?"

찾던 퍼즐 조각이 어디에 있는지를 손끝으로 꼭 집어주었는데도 웬일인지 현수는 퍼즐을 맞추지 않았다. 그러고는 자리에서 벌떡 일어나며 소리쳤다.

"나 안 할래! 아빠 혼자 다 해!"

아이가 혼자만의 놀이에 집중하고 있을 때는 굳이 부모가 참여하는 것보다 아이 혼자 하도록 내버려 두는 것이 더 좋다. 특히, 퍼즐 맞추기처럼 완성을 통해 성취감을 느끼는 놀이는 시간이 얼마가 걸리더라도 스스로 완성할 수 있도록 그냥 두어야 한다. 물론 아이가 도움을 요청한다면 부모가 힌트를 주는 것은 괜찮다.

위의 사례에서 "도와줄까?"라고 말하는 아빠에게 현수는 "아니, 내가 할래요."라며 분명하게 자신의 의사를 표현했다. 그런데도 아빠는 아이의 생각을 존중하지 않고 놀이에 무작정 끼어들었다. 그 결과, 현수는 놀이에 흥미를 잃고 급기야 스톱을 외쳤다. 현수 아빠는 도움을 주려던 의도였지만, 현수는 아빠가 자신의 놀이를 방해한다고 여겼다.

집중할 수 있는 환경을 만들자

한 가지 일에 몰입하여 집중하는 시간이 0~5세 아이들은 5분에서 14분 정도로 그리 길지 않다. 1세 이전의 신생아는 5분도 채 안 되며, 커가면서 점차 집중하는 시간이 길어져서 만 5세 아이는 14분 정도까지 집중할 수 있다고 한다. 아이들은 어른보다 집중하는 시간은 짧지만, 순간 몰입 능력은 더 뛰어나다.

집중력은 아이의 타고난 기질에 따라 차이가 있기도 하지만, 후천적인 노력으로도 충분히 향상시킬 수 있다. 영유아의 집중력을 향상시키기 위한 첫 번째 방법은 집중할 수 있는 환경을 만들어주는 것이다. 어른들도 책을 읽거나 공부를 하는 등 집중이 필요할 때에 옆에서 시끄럽게 텔레비전을 틀어놓는다거나 누군가 큰 소리로 떠들며 분주하게 오가면 집중이 잘 안 된다. 아이들도 마찬가지다. 무언가에 집중하려면 불필요한 정보가 오감을 통해 들어오지 않도록 주위를 잘 정리해야 한다.

아이의 집중력을 향상시키기 위한 두 번째 방법은 일상을 규칙적이고 일관성 있게 이끌어가는 것이다. 불규칙적이고 일관성 없는 성장 환경은 아이의 불안감과 산만함을 키울 위험이 크다. 당장 한 시간 뒤에 밥을 먹을 것인지, 씻을 것인지, 외출을 할 것인지, 놀아도 될 것인지에 대해 전혀 예상이 안 되니 불안감이 커져 쉽사리 무언가에 집중할 수 없게 된다. "너는 왜 그렇게 산만하니? 왜 집중을 못하니?"라고 아이를 나무라기 이전에 부모가 먼저 불안감을 느끼게 할 환경이나 상황을 만들지는 않았는지를 살펴보자.

아이의 집중력을 높이기 위한 세 번째 방법은 아이의 발달 상황에 알맞은 적절한 수준의 과제를 제시하는 것이다. 5개의 조각으로 퍼즐을 맞추는 것이 익숙해진 아이라면 10개, 그리고 20개로 점차 퍼즐 조각을 늘려줄 필요가 있다. 그래야 도전 의욕을 느끼고 성취를 위해 집중하게 된다. 아이가 충분히 흥미와 도전 의식을 가질 정도로 단계를 높이는 게 아니라, 매번 비슷한 수준의 퍼즐을 하게 하거나 부모 욕심에 심하게 난이도를 높인다면, 아이는 흥미를 잃고 산만하게 행동할 수밖에 없다.

아이가 어떤 활동을 하든 부모가 기억해야 할 점은 완벽함을 추구할 필요가 없다는 사실이다. 완벽하게 퍼즐을 맞추고 멋지게 블록을 쌓는 것은 그다지 중요하지 않다. 잘하든 못하든 아이가 제힘으로 그것을 해보겠다며 집중하는 것이 중요하다. 결과가 어찌 되었건 부모는 그 의지와 노력의 과정을 존중해주고 칭찬해주어야지만, 아이의 집중력도 쑥쑥 자라난다.

놀면서 쉬면서 채우는
우리 아이 집중력 놀이

좋아하는 것부터 차근차근 시작해라

아이들은 자신이 재미있고 흥미로운 일에 높은 집중력을 보인다. 즐겁고 재미있고 행복한 활동을 할 때 두뇌가 건강하게 발달한다. 어른의 기준에서 아무리 재미있는 놀이라고 해도 아이가 재미를 느끼지 못하면 집중하지 못한다. 그러니 아이가 좋아하는 놀이로 활동해야 한다.

집중하고 있다면 끼어들지 마라

아이가 혼자 잘 놀고 있다면 절대 놀이 도중에 끼어들지 말아야 한다. 놀이가 곧 공부인 아이들은 놀이에 대한 몰입을 통해 집중력을 키워간다.

조급함을 버리고 여유 있게 기다려라

아이 스스로 무언가를 해보려 집중하고 있다면 참견하거나 도와주어서는 안 된다. 특히, 단추 끼우기나 신발 신기, 퍼즐 맞추기 등 어려운 과제를 앞에 두고도 부모에게 도움을 요청하지 않는 것은 스스로 해보겠다는 의지가 충만해서다. 아이의 행동이 어설프고 미흡해 보여도 조급함을 버리고 여유 있게 기다려주어야 한다.

아이의 의견을 존중한다

아이들의 집중력은 본인이 하고 싶은 일에서 최대한 발휘된다. 위험하거나 나쁜 행동이 아니라면 가능한 한 아이의 의견을 존중해주자.

도구를 이용하여 집중력을 키워라

얼굴 맞추기 빙고 카드

사람 얼굴 전체가 보이는 그림 카드와 모자, 눈, 입 등 부분 카드를 가지고 전체 사람 얼굴을 완성하는 카드놀이를 아이와 팀을 나누어서 해본다. 이 놀이를 자주 하면 아이들의 관찰력과 집중력을 높이는 데 많은 도움이 된다.

메모리 게임

자동차, 곤충, 과일, 동물, 색깔 등의 카드를 가지고 한 장씩 감추어서 같은 카드가 어디에 있는지 위치를 알아보는 게임이다. 예를 들어, 〈과일〉이라면 8가지 과일 카드를 두 장씩 준비하여 카드가 16장이 되게 한다. 과일 카드를 바닥이나 책상에 뒤집어서 나열한 후, 하나씩 뒤집어보며 같은 그림이 있는 곳을 찾는 놀이다. 이 놀이를 통해 기억력과 집중력을 함께 키울 수 있다.

밀가루 반죽 놀이

밀가루 반죽은 여러 가지 모양을 자유롭게 만들 수 있고, 마음에 들지 않으면 언제든지 다시 만들 수 있어서 예민한 아이에게도 좋은 놀이 도구이다. 예민한 친구들은 자신이 원하는 모양이 안 나올까 봐, 멋있게 못 만들까 봐, 많이 걱정하고 아예 시도를 못 하는 경우가 있는데 이렇게 모양을 재구성할 수 있는 반죽으로 만들기를 해보면 자유롭게 놀이에 참여할 수 있다.

PART 03

수다 존중으로
사고력·어휘력
키우기

맞춤형 대화법으로
아이에게 말걸기

'언제부터 아기가 내 말을 알아들을 수 있을까?'

임신 기간에 배 속의 아이에게 이야기를 건네고 동화책을 읽어주는 등 상호작용을 하다가 막상 아이가 태어나면 엄마들은 그렇게 하기가 멋쩍을 때가 있다. '아이가 과연 내 말을 알아듣는 것일까?' 하고 의구심이 들기도 한다.

별다른 반응을 하지 않는다고 해서 아이들이 말을 알아듣지 못하는 것은 아니다. 아이들도 충분히 부모의 이야기를 알아듣고 있다. 물론 돌을 전후해서 본격적으로 언어생활을 시작하기 전까지 아이는 부모가 건네는 언어 그대로를 완벽하게 이해하기는 힘들다. 하지만 그 느낌과 감정만은 분명하게 전달된다. 이 시기의 대화는 정확한 의미를 전달하는 소통이 아닌 느낌과 감정을 전하는 교감 활동에 가깝다. 그리고 부모가 반복적으로 건네는 단어들을 기억하면서 차츰 그 의미도 알아가게 된다.

말하지 못해도 대화할 수 있다

"안녕, 아가야. 세상에 나오느라 힘들었지? 이렇게 엄마와 아빠의 아기로 태어나줘서 정말 고마워. 사랑해!"

아이와의 첫 만남부터 엄마는 자연스레 이야기를 건네주면 좋다. 아이는 이미 엄마의 뱃속에서부터 엄마의 다정한 말들을 들어왔던 터라 같은 목소리를 듣는 것만으로도 평온함을 느낀다. 다정하게 말을 건네는 것만으로도 아이가 건강한 정서와 똑똑한 두뇌를 가지는 데 도움이 된다. 부모의 다정한 말은 아이에게 편안하고 기분 좋은 감정을 일으키고 정서적인 안정감을 준다.

아이의 청각은 뱃속에서부터 발달하는데, 태어난 지 1개월 이내에 타인과 엄마의 목소리를 구별할 수 있고, 엄마의 말투나 목소리 톤에서 감정을 읽을 수 있게 된다. 그리고 2~3개월 즈음부터 아이는 아, 오, 에, 아아, 우우, 우와, 구구와 같은 옹알이를 시작한다. 이때 엄마가 눈을 맞추고 "오호, 우리 아기가 그랬어?"라며 맞장구를 쳐주면서 상호작용을 해주면 아기의 옹알이가 좀 더 이어질 것이다.

반면, 엄마가 아무 반응이 없으면 아기의 옹알이가 길게 이어지지 않는다. 부모의 상호작용이 있을 때 아기의 옹알이가 더 다양해지고 방긋방긋 웃음도 짓는다. 자신이 관심과 존중을 받고 있다는 걸 아기도 느껴서일 것이다. 그러므로 아기의 옹알이에 적극적으로 반응해주어 아이의 기분을 좋게 해주자. 옹알이에 특별한 의미가 있다고 보는 학자들도 있지만, 옹알이를 언어 발달 단계로 보면서 부모의 말을 모방하는 것이라는 학자들도 있다. 많은 아이의 성장 과정을 지켜본 내 경험에서 보면 후자의 의견에 더 신뢰가 간다.

일반적으로 아이는 4개월 정도가 되면 자신의 이름을 알아들을 수 있고, 돌이 지나면서 단어의 의미를 제법 이해한다. 그때부터는 엄마, 아빠를 비롯해 5~20개 정도의 단어 사용이 가능하다. 이후로 아이는 놀라운 속도로 단어를 습득하여 24개월 전후로 200~250개의 단어를 이해하고 사용한다. 또 여러 개의 단어가 합쳐진 문장도 만들 수 있으며, 간단한 질문도 가능해진다.

미국의 언어학자 놈 촘스키Noam Chomsky는 인간은 뇌에 '언어습득 장치'가 있어서, 언어 능력을 선천적으로 타고난다고 주장한다. 그런데 그는 이 주장에 중요한 전제를 덧붙였다. 언어습득 장치를 타고난다고 해서 모든 인간이 언어를 습득할 수 있는 것은 아니며, 언어가 발달할 수 있는 결정적 시기에 듣고 말하는 등의 언어적 경험을 충분히 해야만 언어를 제대로 습득할 수 있다는 것이다. 즉, 언어 발달의 결정적인 시기인 영유아기에 언어 환경에 노출되지 않은 사람은 언어 능력이 자라지 않아 어린아이의 옹알이와 같은 의미 없는 발성만 가능하다고 한다.

1920년 인도 정글에서 발견된 여덟 살(추정) 소녀 카말라의 경우만 하더라도 영유아기의 언어 환경 노출이 얼마나 중요한지를 잘 보여주는 사례이다. 발견 당시 까말라는 늑대에게 키워진 듯 늑대의 행동 양식을 그대로 따랐고, 말도 전혀 하지 못했다. 이후 목사 부부에 의해 돌봄을 받으며 언어를 비롯한 인간의 행동 양식에 대해 교육을 받았지만, 카말라는 그들과 함께 살던 9년의 세월 동안 45개의 단어밖에 익히지 못했다고 한다. 언어 발달의 결정적 시기인 영유아기에 언어 환경에 노출되지 않은 탓이다.

늑대 소녀 카말라의 사례를 통해서도 알 수 있듯이 영유아기는 인간이 평생을 살아가며 사용하게 될 언어 능력의 기초를 다지는 시기이다. 그러니 부모는 항상 아이에게 다정하게 말을 걸어주고, 사물의 이름을 가르쳐주고 설명해주며, 책을 읽어주고 재미있는 이야기를 들려주는 등 풍성한 언어 환경을 만들어주어야 한다. 아이는 당장의 언어적 소통이 서툰 것뿐이지 부모가 들려주는 수많은 말을 차곡차곡 머릿속에 저장해두고 있다는 것을 잊어서는 안 된다.

아이가 좋아하는 목소리는 따로 있다

말문이 트이기 이전의 아이와 대화를 하다 보면 속을 들여다볼 수 없는 독에 물을 채우는 것처럼 답답한 마음이 들 때도 있다. 잘 채워지고 있는 것인지, 어느 정도 채워진 것인지 알 수 없는 데다 게을리한다고 보채거나 탓하는 이도 없으니 애써 노력하지 않으면 매일 꾸준히 실천하기가 쉽지 않다. 게다가 서로 말을 주고받으며 상호작용을 할 수 없으니, 부모 입장에서도 쉽게 지루해지거나 적당한 이야깃거리를 찾지 못해 대화가 부담되기도 한다.

아이에게 '무슨 이야기를 건네야 할까?' 하는 고민이 된다면 주변의 다양한 것들을 전부 이야기 소재로 활용해보자. 아이의 눈, 코, 입 등의 신체 부위의 이름과 역할을 이야기해보거나 집에 있는 식물, 과일 등의 사물을 주제로 이야기를 건네도 좋다. 아이의 기분을 물어보는 질문을 던지는 것도 괜찮다.

아이와 부모의 일과에 관한 내용도 좋은 이야깃거리가 될 수 있다. 가령, "내일은 손님이 오실 거야. 엄마의 친구인데 엄마와 초등학교 때부터 단짝으로 지내며 아주 친하게 지내는 친구란다."라는 식으로 이야기를 건네는 것이다.

매주 주제를 정하고 그것과 관련된 말하기를 해보는 것도 좋은 방법이다. 예를 들어, '가족'이라는 주제를 정했다면, 아빠와 엄마의 연애 시절의 이야기나 결혼이야기, 할아버지, 할머니 등 가족 관계 설명하기, '가족'과 관련된 책 읽어주기 등 다양한 시각에서 이야기를 들려줄 수 있다.

아이에게 이야기를 들려줄 때는 좀 더 효과적으로 전할 수 있도록 노력해야 한다. 이야기가 아이의 귀에 쏙쏙 잘 들어오고 마음을 더 즐겁고 기쁘게 해주기 위해서 아이가 좋아하는 표정, 말투, 단어들을 적극 활용하는 것이다.

아이들과 대화를 할 때는 항상 미소를 지으며 눈을 마주 보아야 한다. 부모의 온화한 미소를 보며 아이는 안정감을 느끼고, 자신에게 눈을 맞추는 모습을 통해 부모가 자신을 좋아하고 존중한다고 느낀다. 그런 감정들은 아이가 더 오랫동안 집중하게 해주어 결과적으로 집중력을 향상시킬 수 있다.

아이에게 말을 건넬 때는 목소리에 다양한 변화를 주는 게 좋다. 똑같은 내용의 이야기라도 목소리를 어떻게 활용하느냐에 따라 아이들은 눈을 반짝이며 무척 좋아하기도 하고, 별다른 관심을 주지 않거나 고개를 돌리며 싫어하기도 한다.

아이들과 이야기를 할 때 부모는 신나는 동화구연가가 되어야 한다. 동화구연을 하는 것처럼 목소리에 리듬과 강세를 두어 감정을 과장하고, 평소 성인들끼리 대화를 할 때보다 톤을 높여 '아빠는 너랑 이야기를 하는 게 너무 좋아!'가 분명하게 느껴질 수 있도록 경쾌하게 발성해야 한다. 이때 말끝을 길게 끌어 마치 노래를 하듯이 표현해주면 아이들이 좋아한다.

목소리 톤이 높고 경쾌해진 대신 말의 속도는 조금 느리게 하고, 발음도 분명하게 해줘야 한다. 그래야만 아이는 부모가 전하는 이야기 속의 단어들을 차곡차곡 머릿속에 정리해둘 수 있다.

이 외에도 의성어, 의태어를 활용해 리듬감을 살려 생동감 있게 표현해주고, 문장은 너무 길지 않게 하며 중요한 단어는 여러 번 반복해서 말해준다. 그리고 '깡충깡충', '방긋방긋', '반짝반짝'과 같은 의태어는 몸동작과 함께 해주면 아이는 부모의 몸짓과 소리를 연결해 기억한다.

아이와의 충분한 의사소통은 언어 구사 능력을 향상시키고 인지 발달, 그리고 안정된 정서 상태의 사회성이 좋은 아이로 성장하는 기틀이 된다. 그러니 영유아기를 지나는 동안 부모는 끊임없이 다양한 이야기를 들려주며 아이에게 세상 최고의 친구가 되어주어야 한다.

부모의 수다가
아이의 뇌를
채운다

Respectful Child Care

아이에게 부모는 세상을 보는 창이다. 일상의 다양한 모습들을 그저 보기만 하고 부모가 말을 걸어주지 않는다면 그저 풍경일 뿐 내 안에 쌓이기 힘들다. 부모가 건네는 다양하고 풍부한 이야기는 세상을 가르쳐줄 뿐만 아니라 아이의 두뇌를 자극하고 발달시키는 효과도 있다.

아동 언어발달을 연구하는 질 길커슨 연구팀은 생후 18~24개월이 된 아이들을 대상으로 6개월간 실험을 했다. 실험 기간 동안 연구팀은 성인들과 아이들이 나눈 대화를 기록했고, 이후 아이들이 9~14세가 됐을 때 지능지수와 언어 능력을 측정했다.

그 결과 어린 시절에 부모를 비롯한 성인들과 풍부한 대화와 정서적인 교감을 경험한 아이들이 그렇지 못한 아이들보다 지능지수, 언어 이해력, 단어 지각 및 표현 능력 등이 14~27% 높게 나타났다.

이 외에도 여러 학자가 다양한 연구를 통해 생후 36개월까지 풍부한 언어 자극을 받고 자란 아이일수록 어휘 습득 능력이 좋고, 훗날 지능 검사에서도 높은 점수를 받았다고 한다. 아이들이 부모의 언어를 모두 이해하기는 힘들겠지만, 목소리를 통해 느낌이 분명하게 전달될 수 있기에 정서적인 만족감과 더불어 두뇌 발달에도 큰 도움이 된다는 것이다.

부모에게 모든 것을 의지하고 낯선 세상을 하나하나 탐색해가며 부지런히 헤엄치고 있는 아이의 손을 잡아주자. 내 아이에게 세상을 안내할 가장 친절한 안내자로서, 가장 열정적인 조력자로서 아이를 위한 재미있고 친절한 수다를 시작해야 한다.

부모가 전해주는 세상 재미있는 이야기들

놀이터에 가거나 산책을 하는 시간은 아이들에게 세상을 보는 눈을 열어주고 사물에 대한 호기심을 심어주며, 세상을 따뜻한 마음으로 받아들이고 이해할 좋은 기회가 된다.

겨울이 아니라면 아이는 2~3개월 무렵부터 가벼운 외출이 가능하니, 날씨나 아이의 컨디션이 나쁘지 않다면 규칙적으로 바깥나들이를 해주면 좋다. 위험할까 봐 또는 감기에 걸릴까 봐 집 안에서만 돌

보면 아이는 낯을 더욱 많이 가리게 되고 집 밖을 두려운 곳으로 생각하기 쉽다.

놀이터에 가는 것이 아직 익숙하지 않은 이 시기의 아이들은 외출 전부터 아이의 마음을 존중한 부모의 특별한 배려가 필요하다. 집 안에서 이것저것을 안내해주던 부모의 따뜻한 목소리가 집 밖에서도 자연스레 이어진다면 아이는 두려운 마음을 잠재우고 흥미와 호기심을 꺼낼 수 있다.

선천적으로 새로운 경험이나 공간을 즐기고 적응을 잘하는 아이도 있을 수 있지만, 대부분은 후천적인 경험과 연결되어 성향이 결정된다. 어쩌면 싫고 두려운 경험으로 다가올 것들도 아이들은 늘 함께하는 부모의 부드러운 목소리를 통해 심리적인 안정감을 찾는 것은 물론이고 즐거운 놀이로 받아들인다.

"희원아, 오늘 우리는 오후 4시가 되면 놀이터에 갈 거야. 놀, 이, 터, 놀, 이, 터. 영어로는 플레이그라운드야Playground."

나는 손녀를 데리고 놀이터에 갈 때는 언제쯤 나갈 것이란 걸 미리 얘기해주었다. 그리고 단어를 가르쳐줄 때는 입 모양을 보여주면서 또박또박 발음해주었다.

"놀이터에 가면 누가 있을까? 아마 언니 오빠들이 있을 거야. 그리고 할머니와 할아버지, 아줌마들도 계실 거야. 그분들은 모두 다 우리 희원이를 사랑한단다."

그렇게 두세 번 정도 말해준 후 약속한 시각이 되어 유모차에 아이를 태우면 '아하! 할머니(엄마)가 얘기했던 거기로 지금 가는 거구나!'라며 아이가 즐거워하는 게 느껴진다.

"이것은 문이야. 이것은 사람들이 우리 집에 함부로 들어오지 말라고 있는 거야."

"이렇게 문을 밀고 나가면 밖이야. 여기는 안이고 문을 열고 나가면 밖이 되는 거지."

"이것은 엘리베이터야, 엘리베이터의 벽은 좀 차갑지? 한번 만져볼까?"

집을 나설 때도 현관문, 엘리베이터 등에 관해 설명해주고 손으로 만질 수 있게 해줬다. 아이는 다소 긴장된 모습을 보이지만, 싫지는 않은 듯 혼자서도 손을 가져다 댔다. 아이는 그렇게 세상과 만나고, 지금껏 자신이 머물던 공간과는 또 다른 공기, 온도, 촉감에 신기해하며 연신 눈을 반짝였다.

> "부모의 따뜻한 목소리가 외출에 대한 두려움을 없애고 즐거움과 기대를 하게 해준다."
>
> "자연과 사물에 대한 풍부한 설명이 아이의 감성과 어휘력을 채운다."

아이가 밖에 나가면 알아야 할 게 너무 많다. 풀, 꽃, 나무, 곤충 등 세상 모든 것이 아이에게는 새롭고 신기한 것들이다. 아직 그네나 미끄럼틀 같은 놀이기구를 타지 못하는 어린아이는 주위의 사물이나 자연에 관해 설명만 해줘도 시간이 훌쩍 지나간다.

놀이터에 오가는 길에서 만나는 풀이나 꽃, 나무 등에 대해 일일이 그 이름을 알려주고 간단하게라도 특징을 설명해준다. 그리고 직접 만져보게 하고 냄새도 맡게 해준다. 그러면 아이는 신기하고 좋아서 눈을 반짝거린다.

"희원아, 이것은 미끄럼틀이야. 영어로는 슬라이드slide라고 해. 이것은 네가 더 많이 자라서 언니가 되면 탈 수 있어요. 이것을 타고 저기 위에서 아래로 미끄러져서 내려오면 아주 재미있단다."

놀이터에 도착해서도 놀이기구들의 이름을 가르쳐주고 설명해주며 그것을 활용해 신나게 놀고 있는 언니 오빠들의 모습도 보여준다. 동네 아이들이 소리를 지르며 신나게 노는 모습을 보며 아이는 놀이터라는 곳에 대한 개념을 어렴풋이나마 느낀다.

아이가 외출을 즐기기 시작하면 오감을 활용해 자연과 더 적극적으로 교감할 수 있도록 도와주어야 한다. 나는 손녀가 돌이 지났을 무렵부터는 아파트 단지 안에 있던 개울도 보여주고 물과 자갈들도 직접 만져보게 해줬다. 이렇게 부모의 신나고 즐거운 목소리로 세상과 인사한 아이들은 안정감도 커지고, 기분 좋고 신나는 경험을 통해 세상에 대한 호기심도 쑥쑥 자라난다.

너의 이름이 궁금해

"아이에게 놀이터에 갈 때마다 매번 새로운 이야기를 해줘야 하나요? 지난번에 했던 이야기를 또 하려니 지루해할 것 같아서요."

이야기 소재에 대한 부담은 갖지 않아도 된다. 다행히 아이들은 이야기가 비슷한 패턴으로 반복되는 것을 좋아한다. 그러니 놀이터에 가는 길에 만나는 다양한 사물과 자연을 눈에 보이는 대로 소개해주어도 좋고, 나무, 꽃, 새 등 그날의 이야깃거리를 정해서 들려주어도 된다. 그리고 말문이 트이는 돌 이후의 아이들은 궁금한 것을 적극적으로 질문을 하니 이야기 소재에 대해서는 크게 염려하지 않아도 된다.

외출 시, 발달이 빠른 아기는 2개월 정도가 되면 주위의 모든 것을 두루 살피느라 바쁘게 고개를 돌린다. 그리고 마음에 드는 것이 있으면 눈을 맞춰 응시하기도 한다. 이때 부모는 아이가 응시하고 있는 사물에 대해 이름과 특징 등을 간략하게 설명해주면 좋다.

거리나 공원에서 개나리, 진달래, 철쭉, 목련, 민들레꽃, 제비꽃, 벚꽃 등 계절에 따라 다양한 꽃을 만날 때에 단순히 "어머, 꽃이 예쁘네. 이건 꽃이야."라고만 말하지 말고 꽃의 이름을 하나하나 소개해주면 좋다.

"우와! 이건 개나리꽃이야. 개나리꽃."

"노란색이 너무 예쁘지? 한번 만져볼래? 희원이 볼처럼 너무 부드럽지?"

"이건 개나리꽃이야. 노란 개나리꽃."

꽃잎을 직접 만져도 보고 냄새도 맡게 해준 후 마지막으로 이름을 한 번 더 강조해서 들려주면 아이들은 식물에도 관심을 가지게 될뿐더러 사물과 언어를 연결시키는 인지능력 그리고 정서 지능도 발달하게 된다.

꽃이나 나무, 새 등의 자연을 소개해 줄 때 부모가 감탄의 언어를 아낌없이 표현해주면 감정 표현이 풍부한 아이로 자란다. 손녀 희원이의 경우 갓 말을 시작할 무렵 신기하게도 감탄사부터 했다. 예쁜 꽃을 보면 눈을 동그랗게 뜨고 환하게 웃으면서 "우와!" 소리를 먼저 했다. 주 양육자인 내가 아이에게 무언가를 소개해줄 때마다 감탄사를 쏟아내니 아이도 당연한 듯 감탄사부터 터져 나오는 것이다.

꽃이나 나무, 새 등의 이름을 잘 모를 경우 최소한 놀이터 가는 길에 만나는 것들의 이름만이라도 인터넷이나 책을 통해 따로 공부를 해두면 좋다. 말문이 트이면 어차피 아이들이 "엄마, 이 꽃은 무슨 꽃이야?"라며 물어볼 것이기에 미리 공부를 해두자.

아이가 아장아장 걸을 수 있게 되면 곤충이나 동물 등 움직이는 것들을 소개해주자. 땅 위를 기어가는 개미를 보여주고, 부모가 그것을 만지는 것을 보여 주면서 개미의 이름과 특징에 대해 들려주면 좋다. 또, 여름에 매미 소리가 들리면 "매미가 맴맴 노래를 부르네. 저 소리는 매미가 노래를 부르는 소리야."라고 설명해준다. 이때 동물이 내는 소리를 '울고 있다'와 같이 단순하게 표현하기보다 '노래한다', '말한다' 등으로 다양하게 표현한다면 아이의 상상력을 더 자극할 수 있을 것이다.

그 외에도 잠자리, 메뚜기, 나비, 파리, 모기, 사마귀 등의 곤충들을 보여주고 그것의 이름을 정확한 발음으로 들려주면 아이는 책으로만 배우는 것보다 더 잘 기억할 수 있게 된다.

꽃, 나무, 풀, 곤충, 새 등의 이름을 알려주는 것 외에도 촉감의 언어를 알려줘 어휘력과 감성 발달을 이끌어보자. 돌을 보여주며 아이에게 한번 만져보라고 권하고, 아이가 만지면 그 느낌을 말로 설명해주는 것이다.

"이것은 돌이란다. 한번 만져보겠니?"

"이 돌은 반질반질하네. 이 돌은 도돌도돌하네. 이 돌은 까칠까칠하네. 이 돌은 울퉁불퉁하네."

이렇게 설명해주면 아이는 손끝으로 느껴지는 감촉과 부모가 들려주는 언어를 연결시키며 촉감을 표현하는 언어를 익혀간다. 나무를 소개할 때도 이름과 간략한 특징 외에 '나무 기둥', '줄기', '나뭇잎' 등 각 부위의 명칭을 소개해주고, 실제로 만져보자.

"이 나무는 벚나무야. 그리고 이곳을 나무 기둥이라고 해. 벚나무 나무 기둥의 느낌은 어떨까?"

나무 기둥, 줄기 그리고 나뭇잎의 촉감은 어떤지 아이와 함께 만져보고, 그것을 언어로 표현해준다. 그리고 같은 나무라도 각 부위에 따라 느낌이 다를 수 있다는 것을 직접 느끼게 해준다.

밖에 나올 때마다 아이에게 계속 말을 걸고 무언가를 설명하기는 쉽지 않은 일이다. 하지만 부모의 수고만큼 아이의 지성과 감성이 쑥쑥 자라나니 최선을 다해야 한다. 아이의 두뇌와 마음은 주 양육자인 부모를 통해 열리고 자란다는 것을 잊지 말자.

수다쟁이 아이의
넘치는 호기심을
존중하기

만 2세를 전후해서 아이는 매일 새로운 단어를 말하며 부모를 깜짝 놀라게 한다. 만 2~6세가 되기까지 아이는 매일 8~10개 단어 정도를 새롭게 배워서, 만 6세가 되면 대략 1만 3,000여 개의 단어를 이해할 수 있다고 한다.

물론, 이것은 모든 아이에게 해당하는 절대적인 규칙이 아닌 전문가들이 관찰과 실험을 통해 파악한 평균치이다. 아이에 따라 어휘력이 더 뛰어날 수도, 더 부족할 수도 있다. 그렇다면 아이마다 어휘력의 차이를 가져오는 변수는 무엇일까?

반복적으로 언어 환경에 노출된 아이라면 말을 배우는 데는 크게 문제가 없다고 한다. 하지만 언어도 감각이나 운동 발달처럼 후천적인 경험에 의해 발달하는 것이기 때문에 어휘력이 좋으려면 꾸준한 언어 자극이 있어야 한다. 즉, 주 양육자가 매일 다양한 언어로 아이에게 말을 걸어주고 대화를 해주어 아이의 뇌에 언어가 풍족하게 채워져야 한다. 한 연구에 의하면, 같은 20개월의 아이라도 부모가 말을 많이 걸어준 경우는 그렇지 못한 경우보다 평균 131개나 많은 단어를 익혔다고 한다.

"아이스크림을 먹을까?"

"예쁜 우리 딸, 엄마랑 같이 달콤하고 부드럽고 시원한 아이스크림 먹을까?"

같은 의미를 전하는 말이지만 활용하는 단어의 수에 따라 표현의 풍성함에 차이가 크다. 후자처럼 명사, 형용사 등이 풍부하게 쓰인 말이 아이의 어휘력 향상에 훨씬 더 도움이 된다.

아이의 질문에 대해 답할 때도 가능한 한 다양한 단어를 넣어서 사용하면 좋다. 예컨대 아이가 나비를 보며 "엄마, 저건 뭐야?"라고 물으면 "응, 저건 나비야."라고 대답하기보다는 "응, 저건 나비야. 나비는 지금 노란색 날개를 멋지게 펼쳐서 향기롭고 예쁜 꽃에게 팔랑팔랑 날아가고 있어."라고 말해주는 게 어휘력, 표현력, 상상력을 키우는 데 훨씬 더 도움이 된다. 또한, 단조로운 단답형의 답보다 상상력을 자극하는 말을 통해 좀 더 그 상황을 기억할 수 있게 된다.

풍부하고 다양한 언어를 경험한다는 것

영유아들은 소리 내어 말할 수 있는 단어보다 훨씬 더 많은 단어를 머릿속에 담아두고 있다. 말문이 트이는 돌 전후의 아이만 해도 말할 수 있는 단어는 2~3개 정도이지만, 이해하고 인지하는 단어는 50개가 넘는다고 한다. 그리고 18개월이 되면 약 20여 개의 단어를 사용하지만, 이해하는 단어는 그 10배인 200여 개나 된다고 한다.

김영훈 교수는 인간의 뇌는 말의 의미를 파악하는 영역(베르니케 영역)과 말을 하는 영역(브로카 영역)이 분리되어 있는데, 이 두 영역의 발달 시기는 차이가 있다고 한다. 말을 알아듣는 베르니케 영역은 일찍부터 발달하고 완성되지만, 말을 하는 영역인 브로카 영역은 서서히 발달이 진행된다는 것이다. 그래서 아이들은 실제 말을 하는 것보다 훨씬 더 일찍부터 부모의 말을 알아듣고 더 많은 단어를 이해한다.

영유아들은 겉으로 보이는 게 전부가 아니기에 말이 빠르다 혹은 느리다며 속단할 필요는 없다. 아이의 잠재력은 무궁무진하고 신비롭다. 이 시기에 엄마는 더 부지런히, 더 다양한 단어를 활용하여 내 아이에게 말을 걸어주어야 한다.

1990년대 중반, 심리학자 베티 하트와 토드 리슬리 연구팀은 미국 캔자스 시에 거주하는 7~9개월 영아를 양육하는 42개의 가정을 대상으로 출생 후 2년 반 동안 아이의 언어 능력 변화를 추적 관찰했다. 이들은 한 달에 한 번씩 각 가정을 방문하여 한 시간 동안 부모가 아이에게 건네는 말들을 모두 녹음하고 기록했다. 그리고 아이가 새롭게 습득하는 단어의 수와 습득의 속도 등을 토대로 어휘력을 평가했다. 그 결과 평소에 부모가 말을 많이 걸어준 아이가 그렇지 않은 아이에 비해 어휘력이 훨씬 더 뛰어난 것을 알게 되었다.

이 실험에서 연구팀은 부모의 사회적 계층에 따른 자녀의 언어 능력의 차이에 대해서도 관찰했다. 관찰 결과 교육수준이 높고 경제적으로 풍족한 생활을 하는 전문직 종사자의 아이들이, 교육수준이 낮고 경제적으로 빈곤한 가정의 아이들에 비해 언어 능력이 더 좋았다. 그리고 훗날 지능지수나 학습 능력 또한 전문직 종사자의 아이들이 더 좋았다.

연구진들은 이 결과가 부모의 학력이나 경제력에 따른 차이가 아닌 그들의 양육방식에 따른 차이란 것을 밝혀냈다. 추적관찰 결과, 전문직에 종사하는 부모들은 한 시간에 2,100여 개 단어를 사용하며 아이에게 말을 걸었고, 빈곤층 가정의 부모는 600여 개 단어밖에 사용하지 않았다. 그리고 전문직에 종사하는 부모들은 "안 돼.", "하지 마.", "그만해."라는 부정적인 말의 사용을 자제하고 최대한 긍정적인 언어를 사용했다. 또한, 명사와 형용사 등을 풍부하게 활용하여 긴 문장으로 말을 걸어주었다.

한 시간에 1,500개 단어의 차이는 점점 누적되어 아이가 4세가 되면 3,500만 개 단어의 차이로 벌어졌다. 연구진의 조사에 따르면 전문직 가정의 자녀는 4세까지 4,800만 개 단어를 들었고, 빈곤층 가정의 자녀는 1,300만 개 단어를 들었다고 한다.

앞서 말한 것처럼 이는 부모의 직업이나 경제력의 차이가 아닌 아이와 대화하는 방식의 문제이다. 실제로 실험에 참가했던 가정 중에는 경제적으로 극빈층이지만, 아이에게 양적으로나 질적으로 풍부한 단어를 사용한 부모도 있었는데, 이런 부모에게 양육된 아이는 어휘력이나 지능지수, 학습 능력 등도 높았다.

부모는 하루가 바쁘고 힘들어도 아이에게 긍정의 언어를 사용하고 풍부한 어휘를 활용하여 풍족한 언어 환경을 제공해주어야 한다. 아이 안에 차곡차곡 쌓인 언어들은 이후 아이디어나 생각을 정리하고 표현할 때 든든한 밑거름이 되어줄 것이다.

새로 배운 단어를 반복적으로 활용하기

아이가 하루에 듣는 단어 중에는 이미 알고 있는 단어도 있고, 오늘 새롭게 알게 된 단어도 있다. 또 이전에 듣기는 했지만 정확하게 의미를 알지 못하는 단어도 있다. 어휘력 향상을 위해서는 최대한 많은 단어를 '이미 알고 있는 단어'의 영역으로 이동시킬 필요가 있다. 이를 위해 필요한 것이 반복 노출이다.

엄마는 아이와 대화할 때 아이의 반응을 살피며 아이가 단어와 의미를 잘 연결시키지 못하거나, 오늘 처음 들은 단어이지만 인상 깊게 받아들인 단어가 있다면 반복해서 노출해 주어야 한다.

"이건 뭐예요?"

"응, 그건 오이야. 겉은 거칠거칠하지만 껍질을 벗기면 부드럽고 시원한 알맹이가 나와. 먹을 때 아삭아삭 소리도 난단다."

"응, 오이는 아삭아삭."

장을 볼 때 아이는 어김없이 수다쟁이가 된다. 이것저것 궁금한 것이 눈에 많이 보이니 쉬지 않고 묻고 재잘거리는 것이다. 이때 아이가 특별히 관심을 보이는 것이 있다면 얼른 장바구니에 넣어야 한다. 아이가 흥미롭게 배울 좋은 기회이기 때문이다.

"어때? 오이의 껍질은 거칠거칠하지?"

"오이의 부드럽고 시원한 알맹이가 나왔지? 한번 만져볼까?"

저녁 식사를 준비하며 아이에게 오이를 만져보게 한다. 껍질을 벗기고 나서 다시 만져보게 하면서 아이와 함께 느낌을 나눈다.

"오이는 먹을 때 아삭아삭 소리가 나네. 어때, 우리 딸도 한번 먹어볼까? 정말 오이를 먹을 때 아삭아삭 소리가 나는지 확인해 볼까?"

이처럼 오이를 직접 체험하고 거칠거칠, 부드럽고 시원한, 아삭아삭 등과 같이 오이와 관련된 다양한 언어 표현을 알려주면, 그림이나 사진으로 오이를 보며 그 이름을 반복해서 들려주는 것보다 훨씬 더 오래 기억하게 된다. 오감을 통한 즐거운 경험으로 머릿속에 입력되기 때문이다.

아이의 어휘력을 키우는
똑똑한 기술

다양한 수식어로 단어를 살찌우기

"엄마, 사과 먹고 싶어요."라고 말하는 아이에게 "그래? 사과 먹고 싶어?"
라고 답하기보다는 "그래? 새콤달콤하고 아삭아삭한 사과가 무척이나 먹
고 싶구나!"라고 오감을 자극하는 다양한 수식어를 붙여서 말하면 좋다.

낯선 단어는 의미를 추론하게 유도하기

책을 읽다 종종 아이가 모르는 단어가 나오면 단어의 의미를 바로 설명해
주기보다는 그 단어가 나오는 문장, 그리고 앞뒤의 스토리를 연결시켜 아
이가 먼저 뜻을 추론해보도록 도와준다.

낱말 맞히기 놀이로 단어 설명하기

낱말 맞히기 놀이는 하나의 단어를 설명하기 위해 수많은 단어와 말을 늘
어놓아야 하는 놀이이다. 예컨대 '구름'을 설명하기 위해 아이는 '하늘에
둥실둥실 떠 있고, 하얗고 둥글둥글하고, 솜처럼 부드럽고'와 같이 자신이
알고 있는 모든 정보를 총집합해 말로 표현한다. 아이의 표현력과 어휘력
을 향상시키는 것이 놀이의 목적인 만큼 아이의 설명을 충분히 끌어낸 뒤
에 답을 맞히도록 한다.

말에
생각을 담기

"이게 뭐예요?"

"응, 그건 지갑이야. 돈을 넣어 다닐 때 사용하는 거야."

"돈이 뭐예요?"

"가게에 가서 과자나 사탕 등 필요한 것을 살 때 돈을 주고 바꿔오는 거야."

"왜요?"

"남의 물건을 그냥 가져오면 안 되니까."

"왜요?"

말문이 트이기 전까지 아이는 일방적으로 이야기를 들어야 하는 입장이었다. 어휘력이 늘어나면서 아이는 자신의 생각을 말로 표현하기 시작한다. 그리고 "이게 뭐야?", "저게 뭐야?", "왜?"처럼 궁금한 것은 적극적으로 질문을 던지기도 한다.

처음에는 그것이 신기하기도 하고 귀엽기도 하지만, 어느 순간이 되면 부모도 지친다. 끝도 없이 꼬리에 꼬리를 문 "왜요?"가 쏟아지니 무슨 대답을 해줘야 할지 난감하다.

잘 들어주고 대답하고 다시 질문하기

꼬리를 물고 이어지는 "왜?"라는 질문에는 부모가 아는 선에서 최선을 다해 답해주고, 질문을 통해 아이의 생각을 열어주면 좋다. 앞의 경우도 아래와 같이 아이의 질문에 계속해서 대화를 이어가 볼 수 있다.

"가게에서 파는 과자나 사탕, 공책과 같은 모든 물건은 저마다 가격이 있어. 우리 아들이 좋아하는 딸기 아이스크림은 천 원이지. 그러면 딸기 아이스크림을 사려면 지갑에서 돈 천 원을 꺼내서 가게 주인에게 줘야 하는 거야. 그러면 가격이 500원인 사탕을 사려면 돈을 얼마를 줘야 할까?"

"음, 500원이요."

"맞아, 가게에서 파는 물건들은 그렇게 저마다의 가격이 있으니 그것을 갖고 싶으면 그만큼의 돈을 내야 해."

아이의 질문에 굳이 "그건 이런 거야."라며 모범적인 정답을 줄 필요는 없다. 오히려 질문을 통해 아이 스스로 답을 알아가도록 유도하는 것도 좋다. 질문은 아이의 생각을 열어주어 사고력을 키워주고, 더불어 올바른 가치관까지 심어줄 수 있다.

부모가 아이의 질문에 정확한 답을 하기 어려울 때는 아이와 함께 답을 찾아가는 것도 좋은 방법이다. 예를 들어, "아빠, 바닷속에 물고기가 모두 몇 마리 있어?"라는 질문을 받았다면, "와! 아빠도 그게 참 궁금했는데, 우리 함께 물고기가 몇 마리인지, 어떤 물고기가 살고 있는지 찾아볼까?" 하는 것이다. 인터넷으로 검색해도 좋고, 책을 함께 봐도 좋겠다. 이런 과정을 통해 아이는 자신이 존중받는다는 느낌을 받고 아울러 알고 싶은 호기심을 건강하게 해결할 수 있다. 아이가 질문을 하면 귀찮아하지 말고 성의를 다해 긍정적인 반응을 보여야 한다.

"그만 좀 물어봐! 조그만 게 알고 싶은 게 왜 그렇게 많니?"

바쁘게 일하고 있는데 아이가 자꾸 질문을 퍼부으면 부모는 자신도 모르게 짜증을 낼 수 있다. 무심결에 하는 말이지만 아이의 질문에 이런 부정적인 반응을 보이면 아이의 호기심을 꺾고 배움의 욕구도 자라나지 못하게 만든다. 게다가 아이는 '내가 질문을 하는 것이 엄마를 기분 나쁘게 하는 일이구나.', '내가 질문을 하는 건 잘못된 일이구나.', '질문을 많이 하는 나는 나쁜 아이구나.' 하고 오해해 마음을 다칠 수 있다.

질문이 많다는 것은 그만큼 호기심도 많고 궁금한 것도 많다는 의미이다. 그러니 귀찮고 바쁘다고 아이의 질문을 막아서는 안 된다. 오히려 아이의 생각과 두뇌가 무럭무럭 자라기를 바란다면 더 많은 질문이 터져 나올 수 있도록 잘 이끌어주어야 한다.

'왜 그렇게 생각해?'라고 물어보기

"엄마, 사과는 왜 빨간색이에요?"

아이가 동화책에 그려진 사과 그림과 식탁 위에 놓인 사과를 번갈아 보며 사과는 왜 빨간색인지를 묻는다면 아이의 머릿속이 꽤 복잡해진 상태이다. 실제 사과는 빨간색 외에도 다양한 색이 많이 들어있는데 왜 그림책에는 하나같이 빨간색으로 되어 있느냐는 의미이니 말이다.

이때 엄마는 굳이 논리적인 설명으로 답을 해주지 않아도 된다. 사과는 빨간색이란 것이 어차피 정답이 아니지 않은가. 정답이 정해져 있지 않은 질문에는 답을 들려주기보다는 우선 아이의 생각을 묻고, 또 왜 그렇게 생각하는지를 묻는 것이 좋다. 정해진 답을 가르치기보다는 열린 질문을 통해 아이의 상상력과 창의력을 자극해야 한다.

"우리 딸은 사과가 빨간색이 아닌 것 같아?"

"네, 사과는 빨간색이 아니라 그냥 사과색이에요."

"아, 사과는 빨간색이 아니라 사과색이구나. 그런데 왜 그렇게 생각해?"

140

"진짜 사과랑 이 그림 사과는 색깔이 다르잖아요. 진짜 사과에는 빨간색 말고도 초록색도 있고 노란색도 있고 흰색도 들어있어요."

"어머, 정말 그렇구나. 진짜 사과는 그림 사과랑 다르게 빨간색 말고도 더 많은 색을 가지고 있구나."

"요정들이 사는 나라에는 무지개색 사과가 있어요! 그 사과를 먹으면 요정의 날개가 무지개색으로 변할 거예요."

"무지개색 사과? 정말 멋지다! 엄마도 먹어보고 싶어."

아이의 상상력과 창의력은 무궁무진해서 어른이 미처 예상하지 못한, 아니 예상할 수 없는 생각을 해낸다. 어른들의 답은 정형화, 획일화되어 있지만, 아이들의 상상은 끝이 없다. 그래서 부모는 아이의 질문에 정형화된 정답을 제시하기보다 아이의 생각을 읽어주려고 노력해야 한다. 이때 아이가 충분히 자기 생각을 표현할 수 있도록 기다려 줄 수 있어야 한다. 처음에는 두서없이 단어들을 나열할 수도 있지만, 더듬더듬하면서도 자기 생각을 말로 표현해내는 것을 공감해주고 맞장구를 쳐주자. 그러면 아이는 자신의 생각을 말하는 것에 대해 점점 자신감을 갖는다.

"열린 질문을 통해 상상력과 창의력을 자극한다."
"질문을 했으면 아이가 생각할 수 있도록 충분히 기다려준다."

사물의 색상이나 모양 등 시각적인 것에 대해 아이가 궁금해하고 엄마와의 대화를 통해 상상력과 창의성을 발휘했다면, 생각하는 것을 그림으로 그려보도록 하자. 아이는 사과 그림에 빨간색을 칠할 수도 있고, 검은색을 칠할 수도 있다. 아니면 그림 전체를 빨간색으로 칠할 수도 있다. 아이가 상상력을 발휘하여 그린 그림에 대하여 부모는 함부로 판단해서는 안 되며, 아이의 표현을 격려해주어야 한다.

"왜 사과가 검은색이야? 너 사과 색깔 모르니?"

"와! 사과가 검은색이네. 검은색 사과는 무슨 맛일까? 먹어 보고 싶다!"

아이의 표현에 공감해주고 격려하는 부모와의 소통을 통해 아이의 사고력, 상상력, 창의력 등이 쑥쑥 자라날 수 있다. 영유아와의 대화는 지식이나 정보를 쌓는 것이 목적이 아니다. 부모의 일방적인 가르침이 아닌 쌍방향 소통으로 정시적인 교감을 쌓고 아이의 두뇌 그릇을 키우며, 올바른 가치관을 심어주는 일이다. 그래서 아이의 '왜?'에 긍정적으로 반응하면서 아이의 대답에 "왜 그렇게 생각해?"라는 열린 질문으로 아이의 생각을 두드려주어야 한다.

토론으로
사고력과 논리력을
키우기

Respectful Child Care

세계 인구의 0.2%에 불과한 소수민족임에도 노벨상 수상자의 30%, 세계 500대 기업 경영진의 41.5%, 미국 변호사의 40% 이상을 차지하는 이들이 있다. 바로 유대인이다.

세계적으로 가장 창의적인 민족으로 꼽히는 유대인은 수많은 노벨상 수상자를 비롯해 탁월한 재능을 가진 인물을 지속적으로 배출해내고 있다. 아인슈타인, 록펠러, 피카소, 찰리 채플린, 스티븐 스필버그, 샤갈 등 많은 유대인이 시대를 초월해 정치, 경제, 문화, 예술 등 다양한 분야에서 세계적인 영향력을 펼치고 있다.

유대인들이 세계 전역에 걸쳐 이토록 막강한 영향력을 발휘할 수 있는 것은 영유아기 때부터 질문과 토론으로 자녀의 생각이 자라도록 이끌어주는 가정교육 덕분이라고 해도 과언이 아니다. 맞다, 틀리다의 이분법적 사고가 아닌 논리적인 사고를 통해 자신의 의견을 정리하고, 꼬리에 꼬리를 무는 질문과 답으로 서로의 생각을 나누며, 합리적인 결과를 도출하는 협상의 과정을 통해 자녀의 생각이 성숙할 수 있게 이끌어준다.

그게 옳다고 생각하느냐, 틀렸다고 생각하느냐와 같은 이분법적 접근은 아이의 생각을 이미 만들어진 세상의 틀 안에 가둘 위험이 있다. 그러니 아이의 사고력과 논리력을 키우고, 상상력과 창의력을 자극하려면 "너의 생각은 어떠니?"라고 물어야 한다. 이 간단한 질문이 지금껏 세상에 없던, 남과는 다른 자기만의 해답을 찾아가는 가장 훌륭한 실마리다.

아이의 생각을 묻고 들어준다

아이의 사고력을 향상시켜주고 자기 생각을 논리적으로 말하는 힘을 키워주기 위해서 아이가 즐겨 읽는 동화책이나 가상의 이야기를 꾸며보는 것도 좋다. "너의 생각은 어떠니?", "너라면 어떻게 했을까?"라고 질문을 하여 상상력을 자극하는 것이다.

"상상해 봐. 지금 여기에 우리 아들이 엄청나게 좋아하는 초콜릿이 하나 있어. 지금 당장 이것을 먹어도 되지만 1시간 정도만 참다가 먹으면 초콜릿이 5개가 돼. 그러면 우리 아들은 어떻게 할 거야?"

"아, 난 지금 먹을 거예요!"

"그래? 지금은 하나밖에 없지만 1시간만 참으면 초콜릿이 5개나 되는데 당장 먹겠다고?"

"네!"

"왜 그러고 싶어?"

"초콜릿을 많이 먹으면 이가 썩어요. 먹고 싶긴 하지만 이가 썩는 건 싫으니 하나만 먹을래요. 그리고 나는 지금 당장 초콜릿을 먹고 싶어요."

아이와 대화를 나눌 때 어른의 잣대로 바라보기보다 아이의 생각을 있는 그대로 존중해주는 게 좋다. 아이가 제 나름의 논리로 의견을 뒷받침한다면 엄마의 의견을 강요하기보다는 아이에게 고개를 끄덕여주는 것이 바람직하다. 자기 생각을 존중받은 아이는 이후의 대화에서도 더 좋은 생각을 말하기 위해 적극적으로 궁리하게 된다.

평소 일상을 나누는 대화에서도 얼마든지 아이의 표현력을 자극할 소재를 찾아낼 수 있다. 예를 들면, 아이가 유치원에서 돌아왔을 때 "친구와 사이좋게 지냈니?"라고 묻기보다는 "오늘은 친구와 어떤 재밌는 일이 있었니?"라고 묻는다면 아이의 답은 훨씬 더 풍성해질 것이다. 아이의 대답에서 서로 생각을 나눌만한 이야깃거리가 보이면 그것으로 대화하고 토론하면 된다.

아이에게 올바른 가치관과 좋은 품성을 심어주는 대화를 할 때도 일방적인 가르침이 아닌, "너의 생각은 어떠니?", "너라면 어떻게 했을까?"를 물어 열린 접근을 하는 것이 좋다. 그리고 아이가 "친구가 욕을 하면 때려줄 거야."처럼 바람직하지 못한 말을 해도 "그 생각은 틀렸어."라고 말해서는 안 된다. 대신 "때려주는 것보다 더 좋은 방법은 없을까? 친구를 때리는 것은 옳지 못한 행동이잖아. 네가 옳지 못한 행동을 하지 않으면서 친구가 욕을 하지 않도록 할 더 멋진 방법이 있지 않을까?" 하고 아이 스스로 답을 찾아갈 수 있도록 유도해 주어야 한다.

스스로 답을 찾아가는 과정을 통해 아이는 사고력, 논리력, 창의력 등이 자라는 것은 물론이고, 나와 다른 생각에 대한 포용력과 공감 능력까지 키울 수 있다.

하브루타 놀이로 익히는 토론과 협상의 기술

나는 유치원에서 아이들에게 올바른 가치관과 품성을 심어주기 위해 종종 '하브루타' 교육을 활용한다. 주로 아이들 간의 다툼이나 문제행동이 발생했을 때, 아이들의 자발적인 변화를 이끌기 위해 활용하는데, 일방적인 훈계보다 시간이 더 많이 소요되지만 그만큼 효과도 크다.

하브루타 교육은 질문과 토론으로 상대의 생각을 이해하고 나의 생각을 상대에게 설득시키며 최선의 답을 찾아가는 유대인 전통 교육법이다. 우리 유치원에서는 기본적인 토론 방식은 지키되 아이들이 어렵지 않게, 재미있게 즐길 수 있도록 진행한다.

언젠가 우리 유치원에서 하브루타 놀이수업을 외부 강사를 초빙해 특강으로 진행한 적이 있다. 강사로는 헤츠키 아리엘리^{Hezki Arieli}의 저서 《유대인의 성공코드》를 한국어로 편집하여 저술하신 '한국 부모연구소'의 김진자 소장을 초빙했다.

김진자 소장은 〈오성과 감나무〉의 이야기 중 '이웃집으로 넘어간 오성이네 집 감나무 가지에 열린 감은 오성이의 것인가, 이웃의 것인가?'에 대해 아이들의 의견을 물었다. 예상대로 '오성의 것이다.', '이웃의 것이다'로 의견이 나뉘었다.

"좋아, 이렇게도 생각할 수 있고 저렇게도 생각할 수 있지. 그럼 우리 서로 자기 생각을 친구들에게 얘기해볼까?"

의견에 따라 아이들을 A그룹과 B그룹으로 나눈 뒤, 왜 그렇게 생각하는지에 대해 순서대로 자신의 주장을 이야기하게 했다. 이때 다른 친구가 이미 한 얘기는 하면 안 된다는 규칙을 두었다. 다양한 의견이 나오도록 유도해 아이들의 사고력을 키우고, 다른 친구의 의견을 경청하게 하기 위함이다.

"공놀이를 하다가 공이 옆집으로 넘어가면 가서 주워오잖아요. 내 공이니까요."

"감나무 가지가 허락도 없이 우리 집을 침범한 거니까 감은 당연히 내가 가져도 돼요."

"우리 집 택배가 옆집으로 잘못 배달되면 찾아와야 하잖아요. 감도 옆집으로 넘어가면 돌려받아야 해요."

"우리 집으로 넘어온 가지에 열린 감을 주지 않는다면 그냥 가지를 잘라 버릴래요."

해 특강으로 진행한 적이 있다. 강사로는 헤츠키 아리엘리 [Hezki Arieli] 의 저서 《유대인의 성공코드》를 한국어로 편집하여 저술하신 '한국 부모연구소'의 김진자 소장을 초빙했다.

유아들이라 논리가 다소 약하기도 하지만 상관없다. 뭔가 자신의 주장에 근거가 될 만한 것을 생각한다는 것 자체가 좋은 것이다.

아이들이 모두 자신의 의견을 말하고 나면 이번에는 서로 입장을 바꿔 이야기를 해본다. 오성의 편이었던 아이들은 이웃의 편이 되고, 이웃의 편이었던 아이들은 오성의 편이 되어 나름의 이유를 이야기하는 것이다. 이렇게 아이들이 자신의 의견과 반대된 의견의 입장이 되어 생각하고 고민하다 보면 상대의 입장을 더 잘 이해하게 되고 포용력도 넓어진다.

아이들이 모두 돌아가며 자신의 이야기를 하고 나면 이제는 두 팀이 합의해서 공정한 결론을 내려야 한다. '어떡하면 좋을까?'를 의논하는 것이다. 이때도 '옆집은 자신의 집에 넘어온 가지에서 감을 따서 원래 나무의 주인인 오성이네 집에 반을 주고, 본인들도 반을 가진다.', '감나무의 가지가 옆집으로 넘어가지 못하도록 오성이네 집 안으로 더 옮겨 심는다.' 등의 다양한 이야기가 나온다. 그리고 가장 많은 친구가 지지하는 의견이 최종 결론으로 도출된다.

이처럼 하브루타 토론은 사고력과 창의력을 발달시키는 것은 물론이고, 성숙한 대화의 기술을 익히게 해준다. 그리고 상대가 나와 다른 주장을 하더라도 화를 내거나 기분 나빠할 필요가 없다는 것을 깨닫는다. 또, 둘을 얻기 위해서는 하나를 내주는 지혜도 필요하다는 것을 알게 된다. 이런 과정을 통해 아이들은 '나'가 아닌 '우리'로 살아가는 법을 배운다.

하루 5분,
마음을 나누는
존중의 시간

Respectful Child Care

"뭐 하고 있어?"

설거지하던 엄마가 소파에 앉아 있는 현지를 발견하곤 물었다.

"몰라!"

"너 손은 씻었어? 엄마가 유치원 갔다 오면 손부터 씻으랬지."

"몰라!"

"뭘 자꾸 모른대? 너 얼른 손부터 안 씻어!"

어깨너머로 현지의 골난 목소리가 들려오자 엄마는 버럭 소리를 지르며 화를 냈다. 요즘 들어, 현지는 '몰라, 싫어, 안 해'라는 말을 자주 한다. 만 3세를 지나면서 고집도 세지고 말버릇도 나빠지는 듯

해서 언제 한번 따끔하게 혼을 내려던 참이었다.

"엄마 설거지 다 끝낼 때까지 손 안 씻으면 정말 혼날 줄 알아."

"싫어!"

엄마의 목소리가 높아질수록 현지의 목소리도 같이 높아졌다. 엄마가 설거지를 멈추고 고무장갑을 벗자 현지는 소파에서 벌떡 일어나 제 방으로 쏙 들어가 버렸다.

'그랬구나'로 시작하는 존중 대화법

걱정이나 고민 없이 매일 신나고 행복할 것만 같은 영유아기의 아이들. 하지만 아이들도 저들만의 세상에서 나름의 고충과 힘듦이 있다. 어른들이 생각할 때는 코웃음이 나올만한 가벼운 일일지라도 아이들에게는 큰 고통일 수 있다. 아이들이 짜증을 내고 화를 내고 고집을 부리고 거칠게 행동하는 것은 '나 지금 힘들어요'라는 신호이다. 이때 부모가 제 마음을 알아주지 않으면, 아이는 세상에 내 편이 하나도 없는 쓸쓸한 외톨이가 된 기분에 더욱 마음을 닫아버린다. 미운 네 살을 지나는 아이들에게 붙은 '유아 사춘기'라는 수식어에 공감한다면 더더욱 세심한 마음 돌봄이 필요하다.

사례 속 현지는 현재 자신의 마음을 불편하게 하는 문제가 있을 것으로 짐작된다. 유치원에서의 문제이든, 부모와의 문제이든, 혹은 다른 문제이든 아이는 자신의 마음이 불편하니 괜히 짜증을 부리고 반항을 하는 것이다. 그게 무엇이든 아이의 속마음을 직접 듣지 않으면 알 수가 없다.

"이런, 우리 딸이 뭔가 속상한 일이 있었던 모양이구나. 엄마는 왜 우리 딸이 이렇게 기분이 안 좋은지 궁금하지만, 현지가 먼저 얘기해 줄 때까지 기다려 줄게. 언제든 마음이 내킬 때 이야기해줘. 엄마는 언제나 우리 딸 편이야. 알지?"

이처럼 엄마는 현지에게 혼을 낼 것이 아니라 '그랬구나' 하고 아이의 감정에 공감한 후에 왜 그런지를 물어야 한다. 원인을 해결하면 결과를 바꿀 수 있는데, 결과만 바꾸려고 하니 서로 목소리만 커지고 삐걱거리는 것이다.

같은 공간에 있다고 해서 '함께' 있는 것은 아니다. 서로 눈을 맞추고 대화를 나누는 등 교감해야 진정한 의미로 '함께' 있다고 말할 수 있다. 부모와 아이도 마찬가지다. 아이와 오랜 시간을 같은 공간에서 보내지만 정작 아이와 눈을 맞추고 함께하는 시간은 그리 길지 않다.

부모는 아이가 말문이 트이기 이전까지는 말을 걸 때 최대한 눈을 맞추고 이야기를 하는 게 좋다. 아이의 표정과 눈빛 등을 통해 아이의 마음 상태를 들여다보려고 노력하는 것이다. 하지만 아이가 말문이 트이면 엄마는 아이의 말을 통해 마음 상태를 알 수 있으니 종종 다른 일을 하면서 아이에게 말을 건넨다. 점차 이런 식의 대화가 익숙해지면 어느 순간부터는 애써 노력하지 않는 한 서로 눈을 바라보며 대화하는 일이 드물어진다.

영유아기에는 그 어느 때보다 부모와의 교감이 중요하다. 부모는 서로 이야기를 나누는 것만으로도 아이와 교감하고 있다고 생각할지 모르지만, 아이는 모든 것을 멈추고 자신과 눈을 맞추고 미소를 지으며 오롯이 자신에게 집중해주어야만 교감한다고 여긴다. 내 아이와 교감하기 위해서는 많은 시간이 필요하지 않다. 하루 5~10분 정도만 모든 것을 멈추고 온전히 아이에게 집중하여, 안아주고 눈 맞추며 마음을 물어주고 들어주면 된다. 가치를 판단하기보다는 아이의 감정 그대로를 존중하면서 '그랬구나' 하며 공감해 주는 것이다. 힘든 일이 있었다면 뭐가 힘들었는지 들어주고, 자랑하고 싶은 일이 있다면 함께 좋아하고 기뻐하면 된다. 그것이 일상으로 자리 잡는다면 위 사례의 현지처럼 '몰라, 싫어'라며 엄마와의 대화를 단절해버리는 일은 생기지 않을 것이다.

마음을 움직이는 대화의 기술

아이들의 마음은 말 표현과 다를 때가 있다. "몰라!", "싫어!"라고 말해도 진짜 그런 뜻이 아니라 '나는 지금 이런 게 불편해요.', '나는 지금 이것을 원해요.' 등 다른 의미일 수 있다. 그래서 아이의 말에 담긴 진짜 의미를 알려면 행동을 세심히 살피고, 대화를 해야 한다.

만 3세에 우리 유치원에 온 알렉스는 일주일이 넘도록 계속 울고 칠얼거렸다. 담임선생님이 이리저리 달래보아도 계속 "싫어요."라고만 할 뿐 뭐가 싫은지, 뭐가 불편한지 도통 말을 하지 않았다. 예민한 성격의 아이 중에는 유치원에 온 후 하루나 이틀 정도는 그런 행동을 보이기도 하지만, 일주일이 넘도록 그러는 경우는 알렉스가 처음이었다. 친구들과 함께 수업하는 것이 힘든 상황이라 할 수 없이 알렉스는 원장실에서 나와 함께 특별 수업을 했다. 첫날에는 적극적인 개입 없이 그냥 아이가 불편하지 않도록 살피고, 행동과 표정을 세심히 관찰했다. 알렉스는 뭔가에 집중하다가도 이내 불안한 듯 징징댔고, 종종 멍하니 벽을 바라보고 앉아 있기도 했다.

그날 저녁에 나는 알렉스의 어머니께 전화를 해서 아이의 상태를 알리고, 무엇이 문제일지에 대해 여쭸다. 알렉스의 부모님 모두 워낙 바쁘게 일하고 있었고, 알렉스는 생후 4개월부터 육아 도우미의 손에 키워졌다고 한다. 부모님은 알렉스가 잠든 후에야 귀가하기 때문에 알렉스는 부모님과 안정적인 애착을 이룰 수 없었다. 부모도 아이도 그런 상황에 모두 지쳐 있었다.

다음날 원장실에서 혼자 구석에 앉아 등을 돌리고 있는 알렉스에게 나는 부드러운 목소리로 마음의 문을 두드려주었다.

"알렉스, 매일 엄마 아빠를 봐도 자꾸 보고 싶고 또 보고 싶지? 너무 보고 싶어서 생각만 해도 자꾸 눈물이 나지?"

그간 나를 비롯해 선생님들이 무슨 말을 해도 귀를 막고 있던 아이가 천천히 고개를 돌려서 나를 쳐다보았다. 그리고는 "네."라며 내게 대답을 해주었다. 아이의 두 눈에는 이미 그렁그렁하게 눈물이 고여 있었다. 그 모습이 너무 안쓰러워 나는 알렉스를 품에 폭 안아주었다. 그리고는 다시 아이와 눈을 맞추고 얘기해주었다.

"엄마도 아빠도 알렉스를 무척 사랑하고, 계속 보고 싶대."

"정말이요?"

"그럼! 엄마가 아까도 전화하셨어. 엄마가 회사에서 일하는데 알렉스가 무척 보고 싶다고, 우리 알렉스가 원에서 잘 있는지 물어보셨어. 엄마는 당장이라도 알렉스를 보러 달려오고 싶지만, 회사에서 엄마의 도움을 기다리는 사람들이 많으니 일을 다 마쳐야 하신대. 일이 끝나면 빨리 온다고 하셨으니까 알렉스가 조금만 더 기다려주자. 아빠도 알렉스를 빨리 보고 싶다고 선생님에게 말해주셨단다."

내 말에 아이는 눈물을 훔치고는 고개를 끄덕였다. 그러고는 집에 돌아갈 때까지 나와 함께 책도 읽고 각종 교구로 놀이도 하면서 큰 문제 없이 보냈다. 다음날부터 아이의 태도가 놀랍게 변했다. 웬만해서는 징징대지 않고 잘 지내보려고 노력하는 모습이 느껴졌다. 이후로도 나는 수시로 아이를 안아주고 눈을 맞추며 이야기를 해주었다. 엄마 아빠를 보고 싶어 하는 아이의 마음에 공감해주고, 부모님이 자신을 얼마나 사랑하는지도 얘기해주었다. 그리고 엄마 아빠를 보고 싶은 마음을 잘 다스리고 있는 아이의 노력도 칭찬해주었다. 물론 알렉스의 부모님께도 유치원에서의 상황을 말씀드리고, 아이가 부모의 사랑을 확신할 수 있도록 더 많이 표현해달라고 부탁했다. 그렇게 2주 정도가 더 지나자 알렉스는 여느 아이와 같이 유치원에 와서도 더 이상 징징대지 않고, 친구들과도 잘 어울리는 밝은 성격으로 바뀌어 있었다. 이를 보며, 아이를 바꾸는 것은 크고 거창하고 대단한 노력이 아닌 자신의 마음을 알아주는 누군가의 말 한마디라는 걸 새삼 깨닫게 됐다.

아이의 마음을 닫게 하는
부모의 말

아이와의 대화에는 기술과 전략이 필요하다. 성급하게 기분대로 말을 내뱉다가는 아이가 마음의 상처를 입고 말문을 닫아 버릴 위험이 있다. 특히, 대화의 첫머리부터 잘못된 대화법으로 시작하면 본론을 꺼내기도 전에 대화가 단절되기에 십상이다. 아래는 아이와의 대화에서 피해야 할 표현들이다.

- "어.", "응.", "그래."와 같은 형식적인 짧은 대답
- '반드시', '꼭', '절대', "엄마가 분명히 말했어!" 하는 명령과 강요의 표현
- "만약 안 하면 그땐…….", "한 번만 더 그랬다가는……." 하는 경고와 위협의 표현
- "너는 그게 문제야.", "그러니까 네가 안 되는 거야.", "넌 항상 왜 그 모양이니?" 하는 비난과 비판의 표현
- '누가', '언제', '어디서', '어떻게'와 같이 캐묻는 듯한 표현
- "시끄러워!", "징징대지 말고 똑바로 말해!" 하는 윽박지르는 표현
- "겨우 그깟 일로…….", "뭘 그런 걸 가지고……." 하는 아이의 감정이나 상황을 별 것 아닌 일로 치부하는 표현

PART 04

독서 취향 존중으로
상상력·창의력
키우기

책은 세상을 만나는
가장 멋진 창

Respectful Child Care

"오늘의 나를 만든 건 마을의 도서관이었다."

"하버드 졸업장보다 소중한 것은 독서하는 습관이다."

세계적인 IT기업인 마이크로소프트의 창업자 빌 게이츠는 자신의 성장과 성공의 최대 비법으로 독서를 꼽았다.

변호사였던 빌 게이츠의 아버지는 자녀들이 어릴 때부터 항상 책을 읽어주었고, 모르는 단어가 나오면 언제든지 서재로 달려가 사전을 찾아서 읽어주었다. 또, 주말은 물론 평일에도 도서관에 자주 데려가서 책을 읽는 즐거움을 느끼게 해주었으며, 독서토론을 통해 자녀들의 생각을 자라게 해주는 것도 소홀히 하지 않았다.

자녀들에게 독서 습관을 길러주려던 아버지의 노력과 열정 덕분에 빌 게이츠는 어린 시절에 독서광이라는 별명이 붙었을 정도로 책에 빠져들게 되었다. 그리고 성공한 사업가이자 세계 최고의 부자가 된 이후에도 꾸준히 독서 습관을 유지하며, 평일에는 최소 1시간, 주말에는 3~4시간 독서를 한다.

빌 게이츠 외에도 프랭클린 루스벨트, 워런 버핏, 마크 저커버그 등 각 분야에서 세계적으로 큰 성공을 거둔 인물 중에는 책 읽기를 즐기지 않는 이가 없을 정도로 책은 지식과 지혜 그리고 상상력과 창의력의 보고라고 해도 과언이 아니다.

세상에서 제일 멋진 '친구'를 소개하자

요즘은 많은 부모가 뱃속에서부터 아이를 책과 만나게 해준다. 태교의 중요성이 널리 알려지면서 아이에게 책을 읽어주는 것은 가장 중요한 태교 중 하나가 되었다. 태아는 부모의 다정한 목소리로 전해오는 세상의 다양한 이야기를 들으며 정서적인 안정감을 느끼고, 머지않아 만나게 될 세상에 대해 한껏 기대를 키워간다.

"언제부터 아이에게 책을 읽어주어야 할까요?"

아이가 태어나면 부모들은 아이에게 언제부터 책을 읽어주어야 할지 궁금해한다. 읽어주는 것이야 언제든 가능할 테지만 책 읽기가 아이에게 유효한 자극이 되는 시기가 궁금한 것이다.

미국 소아과학회는 신생아 때부터 부모와 아이가 함께 책을 읽는 것을 가족의 필수 활동으로 삼으라고 강조한다. 뱃속에서부터 청각이 발달한 아이는 생후 1개월 무렵부터 엄마의 목소리를 구별하는 것은 물론이고 감정까지 읽을 수 있기에 그림책을 읽어주며 서로 교감하고 상호작용하는 것이 아주 중요하다는 것이다.

미국 소아과학회의 발표에 따르면, 아이는 출생 직후부터 만 3세가 될 때까지 두뇌 발달이 폭발적으로 일어나기에 신생아 때부터 소리 내어 책을 읽어주면, 아이의 언어발달과 인지발달에 큰 도움이 되며, 어휘력과 대화 능력까지 좋아진다고 한다.

그렇다면 어떤 책을 어떻게 읽어주면 좋을까? 책의 선정과 독서의 방법에 정해진 답은 없지만, 아이가 책을 좋아하도록 만들고 책 읽기를 습관화할 수 있도록 도와주면 된다. 이를 위해서는 책을 선정할 때 아이의 발달 상황과 취향을 존중하고, 책을 읽어줄 때도 아이의 눈높이에 맞게 표정과 말투 등으로 재미와 상상력을 한껏 자극해주어야 한다.

아이에게 매일 꾸준히 책을 읽어주다 보면 아이의 발달상황을 더 세심히 살필 수 있다. 처음에는 부모가 읽어주는 이야기에 눈만 깜박일지 몰라도 어느새 그림에 관심 있는 듯 시선을 둘 것이고, 이야기의 특정 부분에서는 방실거리며 웃기까지 할 거다. 내용을 이해한다기보다는 책을 읽어주는 부모의 표정이나 말투, 의성어나 의태어 등이 흥미롭고 재미있기 때문이다. 이 시기의 아이들에게 책은 지식이나 정보를 전하는 매체가 아닌 부모와 재미있는 놀이를 하는 장난감에 가깝다. 그러니 아이에게 책 내용을 가르친다기보다 함께 이야기를 즐긴다는 생각으로 접근해야 한다.

소근육이 발달할수록 아이는 책 읽기에 좀 더 적극적인 태도를 보인다. 제 손으로 책장을 넘기려 애쓰기도 하고, 기기 시작하면 아예 책장으로 기어가 책을 만지작거리기도 한다. 이때 아이가 제 마음에 드는 책을 살피게 하려면 표지가 전면으로 오도록 해 바닥에 세워두거나 눕혀두는 것이 좋다. 아이가 자기 마음에 드는 책을 마음껏 탐색할 수 있도록 말이다.

영유아가 세상의 모든 것을 직접 경험하는 데에는 한계가 있다. 그러나 책을 통한 간접 경험은 가능하다. 아이는 부모가 전해주는 책 속의 재미있는 이야기를 들으며 세상을 배우고 생각과 마음을 키워간다.

다양하게, 꾸준하게, 즐겁게 읽자

어릴 때 책 읽기를 즐기던 아이도 자라면서 점점 책과 멀어지는 경우가 많다. 문화체육관광부가 2018년 2월에 발표한 '2017년 국민 독서 실태 조사' 결과를 보면 한국인의 독서량이 얼마나 저조한지 잘 알 수 있다. 조사는 전국 17개 시·도에서 성인 6,000명과 초·중·고 학생 3,300여 명을 대상으로 실시했는데, 종이책을 기준으로 1년 평균 독서량이 성인은 8.3권, 학생은 28.6권으로 나타났다.

영유아기를 보내며 아이들은 하루에 몇 권씩이나 책을 읽곤 하지만 어떤 이유에선지 자라면서 점점 책을 멀리하게 된다. 위 조사의 결과처럼 학창시절에는 한 달에 약 두 권 정도 읽다가 성인이 되면 한 달에 한 권도 읽지 못한다. 평소 책 읽기를 어렵게 하는 요인은 '일·공부 때문에 시간이 없어서'와 '휴대전화나 인터넷 이용', '책 읽기가 싫고 습관이 들지 않아서'라고 한다.

아이들이 자라면서 책과 멀어지지 않게 하기 위해서는 어릴 때부터 독서 습관을 탄탄하게 자리 잡아두어야 한다. 영유아기에 부모가 매일 꾸준히, 다양하게, 그리고 즐겁게 책을 읽어주는 것이다. 이 시기에는 아이 스스로 꾸준히 책을 읽는 것이 힘들기 때문에 부모의 도움이 절대적으로 필요하다.

"엄마, 책 읽어주세요. 이거요."

"너 한글 읽을 수 있잖아. 엄마 지금 바쁘니까 혼자 한 번 읽어 봐."

부모 중에는 아이가 한글을 어느 정도 읽을 수 있게 되면 혼자 읽으라고 하는 경우가 많다. 글을 읽을 줄 아는데 굳이 책을 읽어줄 필요가 있겠느냐는 것이다. 아이 스스로 읽는 것이 더 공부가 될 것 같다고 생각하기도 한다. 이에 대해 많은 육아 전문가는 '읽기 독립은 아이가 스스로 책을 읽겠다고 할 때부터'라고 말한다. 즉, 아이가 혼자 책을 읽고 싶어 할 때부터 혼자 읽게 하고, 그전까지는 부모가 책을 읽어주는 게 좋다는 것이다. 혼자 읽는 것을 즐기는 단계에 도달하지 못했는데 부모가 자꾸 혼자 읽으라고 하면 아이는 읽고 싶지 않아 하고, 결국 책 읽기의 위기를 맞게 된다.

"내가 읽을게요!"

때가 되면 아이는 스스로 책을 읽어보겠다고 말한다. 그 이전까지는 억지로 혼자 읽게 하기보다는 부모가 함께 읽어주는 것이 좋다. 영유아에게 독서는 부모의 목소리, 몸짓, 표정 그리고 따뜻한 사랑까지 포함된 하나의 덩어리로 인식되어 행복감과 즐거움을 전해준다.

> "매일 꾸준히, 다양하고 즐겁게 읽어야 독서가 습관으로 굳어진다."
> "스스로 혼자 읽겠다고 하기 전에는 억지로 혼자 읽게 하지 마라."

책 읽어주기는 아이의 두뇌 능력을 키워주는 것은 물론이고, 부모 자녀 간 정서적인 교감을 할 수 있는 최적의 수단이다. 아이에게 매일 책을 읽어준다는 것이 생각만큼 쉬운 일은 아니지만, 하루에 20~30분 정도의 시간을 들여 아이의 두뇌와 정서가 자라고 평생의 자산이 되는 좋은 습관까지 길러진다면 이보다 더 좋은 투자는 없을 것이다.

독서 습관을 잘 잡아주기 위해서는 책의 장르와 내용을 더욱 풍성하게 제공해줄 필요도 있다. 다양한 내용을 통해 독서에 더욱 흥미를 느끼게 되고, 배경지식 또한 더욱 풍부해질 수 있기 때문이다. 흥미로운 스토리 위주의 전래동화나 창작동화 외에도 과학 동화, 인성 동화, 위인전, 예술, 신화 등 여러 분야에서 정보를 얻을 수 있는 책을 읽도록 이끌어주는 것이 좋다. 또 같은 장르의 책이라고 해도 내용을 더욱 다양하게 읽혀줄 필요도 있다. 예컨대 위인전도 찰리 채플린이나 베토벤, 피카소 등 예술 분야의 위인을 소개한 책, 세종대왕이나 링컨과 같은 정치 분야의 위인을 소개한 책, 장영실, 퀴리부인, 에디슨 등 과학 분야의 위인을 소개한 책 등 다양한 영역의 위인들을 소개해주는 것이다.

또 아이가 책을 읽는 것에 즐거움을 느끼기 위해서는 책을 재미있게 읽어주는 것도 중요하다. 특히, 등장인물의 대사를 읽을 때 성우처럼 해당 캐릭터의 특징을 충분히 살려주는 것이 좋다. 목소리만 들어도 마녀 할멈의 심술궂고 교활한 이미지가 연상이 되고, 성냥팔이 소녀의 애처로운 모습이 떠오를 수 있도록 목소리에 색깔을 넣는 것이다. 그리고 내용의 전개에 따라 목소리의 강약을 조절하고 리듬감을 살려서 의성어나 의태어를 확실하게 전달하는 것도 독서의 즐거움을 더할 수 있다.

책 속 등장인물을 만나보자

"어흥! 나는 동물들의 대장인 호랑이다. 어흥!"

아빠가 책 속에 그려진 호랑이의 모습을 보여주면서 커다랗게 '어흥!' 소리까지 내면 아이는 그것이 무척이나 무서운 동물이란 것을 느낀다.

"안녕, 나는 깡충깡충 귀여운 토끼야. 달리기를 아주 잘해."

아빠가 두 손으로 토끼의 귀를 만들어 깡충깡충 뛰는 흉내를 내면 아이는 토끼가 귀엽고 재빠른 동물이란 것을 느낀다.

그림과 이야기를 통해 아이의 상상력을 한껏 자극했다면 실물과 만나게 해주는 것도 두뇌 발달과 감성 발달에 도움이 된다. 상상 속에서 만나던 동물들을 직접 눈앞에서 보면 아이들은 무척 신기해하며 그림과 실물을 연결시킨다. 이후로 책을 볼 때도 자신이 직접 보았던 호랑이와 토끼의 실물을 대입하여 상상할 것이다.

이처럼 책을 읽으면서 아이가 한 번도 실물을 본 적이 없거나 궁금해하는 사물이 있으면 최대한 실물을 보여주면 좋다. 책에 소개되는 꽃이나 나무, 곤충, 동물, 밤하늘의 별, 무지개 등을 직접 보여주면, 아이는 그동안 그림으로만 남아있던 이미지 대신 실물 이미지를 채우며 하나씩 진짜 세상을 완성해간다.

"민들레꽃이 뭐예요?"

"응, 노랗게 생긴 꽃인데……."

책을 읽다 보면 그림이나 엄마의 설명만으로는 상상이 되지 않는 것들도 많다. 이런 것 중에 간단히 주위에서 볼 수 있는 것들은 직접 확인을 시켜주면 좋다. 아이와 공원으로 나와 길에 핀 민들레꽃을 직접 눈으로 보고 만지고 냄새를 맡다 보면 아이는 동화 《강아지똥》에 등장하는 민들레꽃에 대해 더 정확하게 알게 되고, 강아지똥이 민들레꽃의 거름이 된 것은 정말 감사하고 멋진 희생이란 것도 느끼게 된다.

"엄마, 곶감이 뭐예요?"

"응, 곶감은 감을 말린 건데……."

한편, 책에 등장하는 다양한 식재료나 음식은 아이와 함께 구입하고 요리로 완성시켜서 식사나 간식으로 즐겨도 좋다. 곶감을 직접 만져 보고 냄새도 맡고 맛도 보면서 아이는 전래동화 《호랑이와 곶감》에 나오는 곶감이 어떤 것인지를 확실하게 알게 된다. 또 이전에 동물원에서 보았던 커다란 몸집의 무서운 호랑이가 곶감을 무서워한다는 이야기에, 다른 동물들은 곶감을 좋아할까 싫어할까 하는 상상의 나래를 펼칠 수도 있다.

이처럼 이야기 속의 사물을 실제로 만나는 것은 상상력과 창의력을 키우는 데 도움이 된다. 한 권의 책이 하나의 행복한 경험과 연결되면 아이의 감성은 훨씬 더 풍부하게 채워질 것이다.

연령에 맞춘
단계별 책 읽기

0~1세

촉감 책, 헝겊 책, 초점 책처럼 청각, 시각, 촉각, 후각 등 다양한 자극을 통해 오감 발달에 도움이 되는 책을 보여주면 좋다. 또 그림책은 색감이 또렷한 책, 재미있는 단어나 짧은 문장이 반복되는 책이 아이의 호기심을 끌기에 좋다. 그림책을 읽어줄 때 단순히 글자를 읽어주는 게 아니라 의성어나 의태어를 넣어주면 상상력을 더 자극할 수 있다. 예를 들어, 사과라는 그림과 글자가 있다면, "사과를 아삭아삭 깨물어 먹으니 너무 상큼해요."라는 식으로 말해주는 것이다.

이 시기의 아이들은 부모가 들려주는 이야기를 온전히 이해하긴 힘들다. 하지만 부모의 품에 안겨서 다정한 목소리를 듣는 것만으로도 포근함을 느끼고 안정 애착을 형성하는 데 큰 도움이 된다.

0세부터 만 2세까지의 아이들은 책을 장난감처럼 느끼기 때문에 물고 빨기도 하고 던지기도 한다. 그러니 책이 망가지는 것에 스트레스를 받기보다는 아이가 다치지 않도록 주의를 기울여야 한다.

만 1~2세

걸을 수 있기 때문에 호기심이 많아지고 활동성이 느는 시기라 책을 읽히기 위해서는 책에 대한 호기심을 유발해주어야 한다.

그날의 바깥 놀이, 식사 등 일상과 관련된 그림이나 사진이 많은 백과사전, 그림책도 도움이 된다. 예컨대 그날 바깥 놀이를 하며 무당벌레를 보았다면 집으로 돌아와 백과사전에서 무당벌레에 관한 정보를 찾아보는 것이다. 다양한 무당벌레의 종류와 모양, 이름도 살피고 아이가 책 읽기에 흥미를 보인다면 자연스럽게 그림책 등 다른 책도 읽어줄 수 있다. 이 외에도 팝업북, 가면 놀이 그림책과 같은 책들로 아이의 흥미를 끄는 것도 좋은 방법이다.

만 3~5세

상상력과 사고력이 무럭무럭 자라기에 스토리가 담긴 책을 읽기 시작하면 좋다. 영유아 교육 전문가들에 따르면, 0~3세까지의 아이들은 그림이 중심이 되고 설명이 간단하게 덧붙는 그림책을 주로 읽히는 반면, 이 시기의 아이들은 스토리가 중심이 되고 그림이 배경이 되는 동화책을 주로 읽어주는 것이 좋다고 한다.

전래동화를 통해 선과 악, 옳고 그름을 배울 수 있도록 돕고, 창작동화를 통해 상상력과 풍부한 감성을 키워주어야 한다. 또 인성 동화를 통해 더불어 사는 사회에서 반드시 지켜야 할 소중한 가치들을 깨우쳐주고 올바른 품성을 심어주는 것도 중요하다. 더불어 아이들의 배경지식을 풍성하게 해주기 위해 다양한 장르의 책에 관심을 끌게 이끌어줘야 한다.

책의 다양한 맛을 즐기게 하자

"책을 그렇게 중간부터 읽으면 어떡하니? 다시 처음부터 읽어봐."

"싫은데……."

"왜 자꾸 이 책만 읽니? 다른 책도 다양하게 읽어야지. 새 책을 이렇게나 많이 사놨는데, 안 읽으면 너무 아깝잖아."

"몰라! 나 책 안 읽을 거야!"

어른이든 아이든 책 읽기는 의무적인 행위가 아닌 즐겁고 신나는 행위여야 한다. 책 읽기가 즐겁기 위해서는 오롯이 자신의 취향대로 책을 고르고 읽을 수 있도록 존중해주어야 한다.

아이의 독서에 엄마가 개입하고 싶은 부분이 있다면 강요가 아닌 권유를 하자. 중간 부분부터 책을 읽는 아이에게는 "그런데 인어공주는 왜 그곳에 갔어?" 하고 앞부분 내용에 대한 질문으로 호기심을 유발해주어도 좋다. 이때 아이가 질문에 대한 대답을 잘한다면, 아이는 이미 앞부분 내용을 알고 있는 것이니 굳이 앞부분부터 읽으라고 권유할 필요는 없다. 만약 앞부분 내용을 잘 모른다면, 아이는 엄마의 질문에 답하지 못할 테고 이때 자연스럽게 책 앞부분을 펼쳐 아이에게 읽어주면 된다.

아이의 독서 스타일 존중하기

아이에게 책을 읽어주다 보면 몇 시간씩 계속해서 읽어달라고 조르는 경우가 있다. 이는 아이가 그만큼 책 읽기에 깊이 빠져 있다는 의미이니 귀찮고 힘들어도 감사하게 받아들이자.

어른도 그렇지만 아이 역시 재미를 느끼지 않으면 오랜 시간 몰입하기 힘들다. 아이가 시간 가는 줄도 모르고, 피곤한 줄도 모르고 책에 집중한다는 것은 그만큼 재미를 느끼기 때문이다. 이때 책을 통해 얻은 다양한 정보는 지식으로 쌓이고, 상상의 날개를 펼치며 쑥쑥 자라나는 상상력과 창의력도 아이에게 귀한 자산이 된다. 그리고 무엇보다도 한 가지 일에 집중하고 몰입했던 경험은 훗날 다른 영역에 도전할 때에 '나는 할 수 있어!'라는 강한 자신감을 끌어내는 힘이 된다.

물론, 과유불급이라고 아이가 또래에 비해 지나치게 책을 많이 읽거나 오랜 시간 읽는 것이 문제가 되는 것은 아닌지 염려될 수도 있다. 이에 대해 전문가들은 아이가 지나치게 책을 많이 읽거나 몰입하는 것은 그 자체만으로는 별다른 문제가 되지 않는다고 말한다. 하지만 아이가 책을 읽지 않는 시간에 일상에서 어떻게 활동하는지는 유심히 관찰할 필요가 있다.

책을 읽지 않는 시간에 가족들과 충분히 교류하고 교감하며, 유치원 등에서도 친구들과 무난하게 잘 지낸다면 책 읽기를 지나치게 즐긴다고 해서 큰 문제가 될 것은 없다. 하지만 일상의 활동이 눈에 띄게 소극적이고 다른 사람들과 교류하는 시간이 적다면 아이의 사회성 형성에 문제가 있는 것은 아닌지 전문가의 상담을 받을 필요가 있다. 아이가 현실에 대한 도피 행위로 책을 읽고 있을 수도 있기 때문이다. 책 읽기는 두뇌 발달과 정서 발달을 비롯해 다양한 장점이 있으니, 아이의 독서 습관을 온전히 존중해주되, 염려스러운 부분이 보이면 유심히 관찰하며 전문가와 상담하는 것이 좋다.

아이들은 혼자 책을 읽기 시작하면 제 나름의 독서 스타일이 나타난다. 읽고 싶은 책을 여러 권 가지고 나와서 거실 한 가운데 앉아 읽기도 하고, 제 방에서 조용하게 혼자 읽기도 한다. 한 권을 처음부터 끝까지 읽는 아이가 있고, 자기가 좋아하는 부분만 골라 읽는 아이도 있다. 또 누가 뭐라고 해도 꼼짝하지 않고 책을 읽는 아이가 있는가 하면, 책을 읽으면서 중간중간 집안 곳곳을 활보하며 다른 활동을 하는 아이도 있다.

이는 아이의 타고난 성향에 따른 독서 스타일이기에 부모가 바라는 모범적인 독서 태도를 강요하기보다는 있는 그대로 존중해줄 필요가 있다. 대신 너무 산만하고 활동성이 강해서 혼자 진득하니 책을 읽는 것이 힘든 아이는 부모와 함께 책을 읽고 난 이후에 아이가 바라는 놀이를 함께해주는 것도 좋다. 이것이 규칙으로 형성되면 아이는 책을 읽는 행위와 부모와 노는 행위를 묶어서 생각하게 되어 책 읽기를 즐기게 된다.

맛있게 먹는 음식이 몸에 약으로 작용하듯이 즐겁게 읽는 책이 마음의 보약이 된다. 그래서 아이가 책을 읽을 때는 그 어떤 것도 부모의 방식을 강요해서는 안 된다. 아이가 읽고 싶을 때 읽고, 그만 읽고 싶을 때는 그만 읽을 수 있게 해주어야 한다. 또 혼자 잘 읽다가도 부모에게 책을 읽어달라고 할 때가 있다. 그러면 읽어주면 된다. 그리고 부모가 읽어주는 도중에라도 아이가 혼자 읽어보겠다고 하면 부모는 물러나 주면 된다. 즐겁고 유익한 독서를 바란다면 그 무엇도 강요하지 않고, 아이의 마음을 온전히 존중해주어야 함을 잊지 말자.

다양한 책을 맛보게 하기

"아이가 창작동화와 전래동화만 읽으려고 하고 다른 책은 아예 거들떠보지도 않아요. 다른 장르의 책도 골고루 읽히고 싶은데 어떡하면 될까요?"

영유아들은 주로 전래동화나 창작동화와 같은 재미있는 스토리 위주의 책을 즐긴다. 다양한 캐릭터들이 등장해 신비롭고 흥미진진

한 이야기를 전개해 나가니 마음이 더 끌릴 수밖에 없다. 그러나 부모는 아이가 좀 더 다양한 장르의 책에 관심을 두길 원한다.

동화책 위주의 독서 편식이 염려된다면, 처음 책을 접하는 태아기나 신생아기부터 다양한 장르의 책을 읽어주는 게 좋다. 책읽기를 부모에게 의존하는 돌 이전의 아이들에게 부모가 좀 더 다양한 장르의 책을 읽어주는 것을 습관화하면, 이후 아이가 자신의 의사를 표현하고 스스로 책을 읽게 되어도 특별히 한 장르만 고집하는 일이 줄어든다. 다양한 장르의 책을 읽는 것을 당연하게 받아들일뿐더러 이미 익숙한 독서 습관 덕분에 각 장르에 골고루 흥미를 느끼기 때문이다.

신생아기부터 다양한 장르의 책을 꾸준히 읽어주었음에도 아이가 자라면서 특정 분야의 책만 고집하는 독서 편식이 생겼다면, 너무 염려하기보다는 아이의 관심과 흥미를 이끄는 방법으로 다른 영역의 책을 읽도록 유도하는 것이 좋다.

책은 음식과는 달리 반드시 여러 장르의 책을 균형 있게 읽어야 하는 것은 아니다. 어린아이라 할지라도 자신이 선호하는 분야가 있을 수 있고, 그것에 집중한 독서를 존중해줄 필요가 있다. 하지만 다른 분야의 책을 전혀 읽으려 하지 않는다면 아이가 다른 영역의 책에도 관심을 가지고 가끔이라도 읽을 수 있도록 유도해줄 필요는 있다.

부모가 책을 읽어주는 시기의 아이라면 아이가 좋아하는 책 두 권에 부모가 읽혀주고 싶은 책 한 권을 합해서 읽어주는 것도 좋겠다. "그럼 네가 읽고 싶은 책 두 권에 엄마가 읽고 싶은 책 한 권을 읽는 것은 어때?" 하고 자연스럽게 권하는 것이다.

아이가 혼자서 책을 능숙하게 읽는 시기가 되면 위와 같은 전략은 더는 효력을 발휘하지 못한다. 전문가들은 이럴 경우 아이가 좋아하는 책들 사이에 티 나지 않게 엄마가 읽히고 싶은 책 한두 권을 슬쩍 꽂아두라고 조언한다. 그리고 아이가 그 책에 관심을 보이지 않더라도 "이 책도 좀 읽는 게 어때?"라며 노골적으로 권하기보다는 일단은 지켜보며 기다려준다. 2주 정도 지켜봤는데도 그 책을 읽지 않으면 다른 책으로 교체해두어 다시 한번 아이의 호기심을 끌어본다. 그렇게 기다려주면 언젠가는 아이가 그 책을 읽게 되고, 그것이 첫걸음이 되어 다른 장르의 책에도 호기심을 보일 가능성이 커진다.

아이가 관심을 보이지 않는 장르라면 책 자체에 관심과 흥미를 유도하도록 하는 건 어떨까? 이를테면 입체로 된 내용물이 튀어나오는 팝업 북, 촉감을 자극하는 촉감 책, 생생한 소리가 흘러나오는 사운드 북 등 다양한 오감을 자극하면서 관심을 유도하면 아이는 자연스레 해당 책의 내용에도 관심을 가질 수 있다. 이 외에도 아이와 함께 도서관이나 서점에 가서 아이가 다양한 책을 보며 직접 책을 고르게 하는 것도 도움이 된다. 집의 책꽂이에 꽂힌 책들은 이미 눈에 익숙해진 탓에 더 이상 새롭지 않을 수 있다. 그런데 여러 종류의 책들이 다양하게 진열된 서점이나 도서관에 가면 아이가 다른 분야에서도 자신의 흥미를 끄는 책을 발견할 가능성도 커진다. 그리고 부모와 함께하는 외출이 즐거운 경험이 되어 아이의 관심도 더 넓은 영역으로 확장될 수 있으니, 자주 도서관이나 서점 등에 들러 다양한 책과 접할 수 있도록 배려한다.

백과사전을 적극 활용하라

"이건 뭐예요?"

"응, 그건 완두콩이야."

"완두콩?"

아이는 말문이 트이기 시작하면 이것저것 궁금한 것을 묻는다. 이때 이름만 가르쳐주기보다는 어떤 특징이 있는지, 어디에 쓰이는 것인지 등도 간단하게 가르쳐주면 좋다.

아이가 궁금해하는 것을 부모가 모두 다 정확하게 알고 있기란 힘들다. 요즘 부모들은 스마트폰을 꺼내 검색해서 알려주는데, 가급적이면 영유아 앞에서는 스마트폰을 사용하는 모습을 자제하는 것이 좋다.

스마트폰을 들여다보는 부모의 모습에 익숙해진 아이들은 두세 살만 되어도 자신도 그것을 보겠노라 떼를 쓰게 되고, 무심코 아이 손에 쥐여준 스마트폰이 아이를 서둘러 네모난 세상에 갇히게 하는 부작용을 낳기도 한다. 스마트폰은 이미 우리 생활 속에 깊숙이 들어온 문명의 이기이지만, 영유아에게는 책에 대한 흥미를 잃게 하는 건 물론이고, 두뇌 발달에 좋지 않은 영향을 미치게 된다.

아이의 질문에 답하기 위해 정보를 찾아야 한다면 스마트폰이 아닌 백과사전이 좋다. "완두콩이 뭔지 엄마랑 함께 찾아볼까?" 하면서 아이와 함께 책을 보는 것이다. 이런 활동이 습관이 되면 아이는 어느 순간 혼자서 백과사전을 펼쳐 궁금한 것의 답을 찾고, 때로는 자신이 아직 알지 못하는 새로운 무언가를 보기 위해 백과사전을 들춰보기도 한다.

백과사전을 가장 유용하게 활용하는 방법은 바깥 놀이나 외출에서 새롭게 관찰했던 무언가가 있다면 집으로 돌아와서 함께 정보를 찾아보는 것이다. 예를 들어, 놀이터에서 이웃이 데리고 나온 강아지를 봤다면, 그냥 '강아지'라고 말해주기보다는 해당 강아지의 종류와 특징, 다양한 사진들을 보여주는 것이다. 또 아이가 나비를 인상 깊게 봤다면 백과사전에서 나비의 종류와 이름 등을 찾아본다.

마트나 시장에 가거나 산책을 할 때 책을 갖고 나가서 즉석에서 정보를 찾아보는 것도 아이의 호기심을 채워주는 데에 도움이 된다. 이때 아이가 들고 다닐 수 있도록 손잡이가 달린 작은 미니(휴대형) 백과사전을 활용하면 좋다. 또 평소에 백과사전을 보면서 흥미로워하는 것이 있다면, 그것과 관련된 책을 따로 읽어주면, 아이의 호기심을 채우고 깊이 있는 학습도 가능하다.

이처럼 백과사전은 아이의 호기심을 채워줌과 동시에 다시 새로운 호기심을 터뜨려주는 최고의 매체이기에 늘 가까이에 두고 자주 활용하면 큰 도움이 된다.

'이야기 꾸미기'로 상상력과 창의력 끌어내기

"아이의 상상력과 창의력을 키워주려면 어떻게 해야 할까요?"

영유아를 키우는 엄마들을 대상으로 강의나 상담을 할 때면 자주 듣는 질문이다. 그럴 때마다 나는 망설임 없이 책 읽기를 추천한다. 책 읽기는 수많은 장점이 있지만, 특히 아이들의 상상력과 창의력을 무한대로 끌어낼 수 있는 강력한 힘을 가지고 있다.

'책 읽기'라고 하면 흔히 아이에게 책을 읽어주는 것, 혹은 아이 스스로 책을 읽는 것에만 한정되어 생각할 수 있다. 하지만 넓은 의미의 책 읽기는 책을 활용한 모든 활동을 의미한다. 심지어 아이가 책의 표지를 뚫어지라 쳐다보고 있는 것만으로도 책 읽기 효과는 충분하다. 책의 겉표지는 포장일 뿐 진짜 알맹이는 속지에 담겨 있다고 생각할지도 모른다. 하지만 책의 표지만으로 할 수 있는 활동도 의외로 많다. 책의 표지에 그려진 그림만으로 책의 내용을 상상해보기, 그림을 보며 책의 제목을 지어보기, 표지에 등장한 주인공은 어떤 성격일지 짐작해보기 등 다양하게 활용할 수 있다.

책의 속지에 담긴 그림과 스토리 역시 상상력과 창의력을 키우는 데 적극적으로 활용할 수 있다. 그림책은 그림을 보며 스토리 꾸며보기, 이어질 그림 상상하기, 그림과 그림 사이의 이야기 지어내기, 등장인물에게 말풍선 넣기 등 상상력을 발휘해 스토리를 지어낼 수 있다. 이야기책도 마찬가지다. 상상하여 결말 바꾸기, 결말 뒤에 이어질 후속편 만들기, 이야기책을 그림책으로 바꾸기 등 할 수 있는 것들이 무궁무진하다.

그림책에 '스토리'를 입히자

"조카가 이제 두 돌이 됐어요. 책을 선물하고 싶은데 어떤 책이 좋을까요?"

"이 책들이 요즘 엄마들에게 인기가 많아요."

언젠가 서점에 갔다가 손님과 직원의 대화를 우연히 들은 적이 있다. 만 두 살이 된 조카에게 선물할 책을 추천해달라는 손님의 말에 직원은 동화책 몇 권을 골라주었다. 그런데 책을 살피던 손님이 의아해하며 물었다.

"글자는 거의 없고 그림만 있네요. 이건 그냥 보여만 주는 책 같은

데 이야기를 읽어주는 책은 없나요?"

위 사례의 손님처럼 글자가 가득 담긴 동화책만 보다가 글자가 거의 없는 그림책을 처음 접하면 부모들은 순간 당황한다.

'이건 뭐지? 어떻게 읽어주라는 거지? 그냥 보여주라는 건가?'

이런 부모들의 의문에 대해 나는 "그림을 읽어주세요."라고 조언한다. 그림을 읽어주라고 하니 다소 의아할 수도 있다. 하지만 그림을 읽어주는 방법은 아주 쉽고 다양하다. 정해진 틀 없이 부모가 편한 방식, 혹은 아이가 좋아하는 방식대로 하면 된다.

"예쁜 새들이 나뭇가지 위에서 모두 눈을 감고 있네. 하늘이 깜깜하고 별이 반짝이는 것을 보니 아무래도 모두 잠이 든 것 같아. 새들은 잘 때도 앉아서 자네. 우린 편안하게 누워서 이불을 덮고 자는데 새들은 앉아서 자야 하니 조금 불편하지 않을까?"

이처럼 내 앞에 펼쳐진 그림에 대해 어떤 상황이 짐작되는지, 어떤 느낌이 드는지를 생각나는 대로 아이에게 들려주면 된다.

"예쁜 새들이 별님이 불러주는 자장가를 들으며 사르르 눈이 감기고 새근새근 잠이 들고 있어. 친구들이랑 더 놀고 싶지만 내일 아침 일찍 맛있는 먹이를 찾으러 가려면 얼른 자야 돼. 파랑이는 초록이의 손을 꼭 잡고 자네. 둘은 낮에도 단짝이 되어 잘 놀더니 밤에도 손을 꼭 잡고 사이좋게 자는구나."

그림책 읽어주기가 좀 더 익숙해지면, 그림을 보고 스토리를 상상으로 지어내어 아이에게 이야기책처럼 들려주는 것도 좋다. 그러면 앞의 그림과 뒤의 그림들이 연결되어 하나의 큰 이야기를 만들어갈 수 있다.

부모가 그림책을 먼저 읽어준 후에는 아이에게 그림책을 읽어달라고 해보자. 처음에는 "새들이 모두 눈을 감고 있네? 왜 다들 눈을 감고 있지?" 하고 그림과 관련된 가벼운 질문을 던져 아이가 이야기를 만들도록 유도하면 좋다. 이때 아이가 충분히 생각할 수 있도록 시간을 주며 기다려 준다. 이런 방식의 그림책 읽기를 반복하면 아이는 어느 순간 그림만 보고도 이야기를 상상해서 들려주기 시작한다.

글자로 된 이야기 동화책도 곧이곧대로 읽기보다는 부모의 방식으로, 혹은 아이의 방식으로 변형해서 읽어도 좋다. 의성어와 의태어를 풍부하게 담고, 재미있는 표정과 동작으로 재미를 더하고, 말소리도 높낮이와 리듬을 풍부하게 넣어서 생동감 있게 표현하면 좋다.

그림책이든 이야기책이든 특정한 형식에 얽매여 읽기보다는 가장 자연스럽고 편안하게 즐기면 된다. 처음에는 부모가 주도하여 읽어주다가 아이가 말문이 트이고 능숙해지면 아이에게 주도권을 넘겨주어도 좋다. 그리고 그림책이라면 아이가 어떤 이야기를 펼쳐놓아도 늘 새롭고 놀라운 감정으로 긍정의 피드백을 해주면, 아이는 그것이 에너지가 되어 더 많은 이야기를 상상해낸다.

그래서 그들은 어떻게 됐을까?

손녀에게 안데르센의 《인어공주》를 처음 읽어주던 날, 아이는 소중한 친구라도 떠나간 듯이 애절하게 울었다. 감성이 풍부한 아이라

결말을 들으면 슬퍼할 것이라고 짐작은 했지만, 이 정도일 줄은 몰랐다.

"이야기가 너무 슬프지?"

"네, 인어공주가 죽는 게 너무 슬퍼요."

"인어공주가 죽는 게 많이 슬펐구나. 그럼 네가 다시 인어공주를 살려주면 되지 않을까?"

"그래도 돼요?"

"그럼 당연하지!"

내 말이 떨어지기 무섭게 아이는 옹알대며 제 나름의 상상 보따리를 풀어놓았다. 그러고는 어떻게든 왕자와 인어공주를 맺어주며 행복하게 결말을 맺으려 애썼다. 이후로 나는 굳이 슬픈 이야기가 아니더라도 이야기의 결말을 바꾼다거나 이어지는 후속편을 만들며 아이와 책 읽기를 즐겼다.

이야기의 결론을 바꾸거나 후속편을 만드는 것 외에도 이야기의 흐름을 결정짓는 중요한 부분에서 아이의 선택을 묻는 것도 좋다. 예를 들어, "네가 만일 인어공주라면 인간이 되기 위해 마녀에게 너의 목소리를 주었을까?" 하고 질문해본다. 그러면 아이는 자기 나름의 선택을 하고, 그에 따라 다른 결과를 상상할 수 있다. 이렇게 아이의 생각에 맞추어 책 속 이야기를 새롭게 꾸며보자. 이를 통해 아이는 '선택을 다르게 하면 결과도 달라진다.'라는 깨달음을 얻게 되며, 상상력, 사고력 등 생각의 힘이 커지게 된다.

새로운 동화책을 읽어줄 때는 가끔 스토리의 클라이맥스 부분에서 책 읽기를 멈추고 아이에게 뒷이야기를 상상해보게 하자. 아이의 이야기가 끝나고 나면 실제 동화책에서는 어떻게 이야기가 전개되는지 읽어주어 서로 비교하고 이야기를 나누는 것이다.

이처럼 같은 책이라도 부모가 그것을 어떻게 활용하느냐에 따라 아이는 10을 얻기도 하고 100을 얻기도 한다. 더 많은 책을 읽히는 것도 좋지만, 책 한 권 한 권을 깊이 있게 읽히고 다양하게 해석할 수 있도록 이끌어주면, 아이의 사고력 발달과 상상력, 창의력 확장에 큰 도움이 된다.

읽고 깨닫고
실천하는
즐거움을 가르치기

Respectful Child Care

"청개구리는 왜 엄마를 강가에 묻었을까?"

"미안해서요."

"뭐가 미안했을까?"

"엄마 말을 안 듣고 자꾸 반대로 해서요."

"그랬구나. 우리 아들이 만약 청개구리라면 평소 엄마에게 어떻게 했을까?"

한 권의 책으로 무한대의 생각을 이끌어낼 수 있다. 물론 영유아기의 아이가 책을 읽고 스스로 다양한 생각을 이끌어내고 깨달음을 얻는 데는 한계가 있다. 그래서 부모의 현명한 질문이 필요하다.

책을 읽는 것은 단순히 정보를 전하고 스토리를 아는 것이 전부가 아니다. 책을 통해 생각을 열고 깨달음을 얻어서 실천을 이끌어내는 것이 책을 읽는 이유이다. 좋은 품성과 행동을 이끌어내는 것은 물론이고 창의적인 상상으로 뭔가를 만들어내는 것 역시 책을 통해 얻을 수 있는 힘이다.

이런 책의 힘을 극대화해주는 것이 바로 질문이다. 부모의 질문을 통해 아이는 호기심이 자라고, 답을 생각하는 과정에서 사고력과 창의력이 성장한다. 그래서 부모는 아이의 생각을 여러 방향으로 열어줄 수 있는 좋은 질문을 준비해야 한다. 그리고 아이가 부모의 질문에 다소 엉뚱한 답을 하더라도 "그건 아닌 것 같아." 하는 부정적인 피드백이 아니라 "왜 그렇게 생각하니?" 하고 아이가 자신의 생각을 자유롭게 펼칠 수 있도록 이끌어주어야 한다.

생각의 가지를 만드는 다양한 독후 활동

딸아이는 어렸을 때 내가 읽어준 책을 종종 품에 안고 자곤 했다. 불편할까 봐 내려놓고 자라고 해도 꿈에서 주인공을 꼭 만나야 한다며 책에 이불까지 덮어주며 소중히 안고 잤다.

"꿈에서 헨젤과 그레텔은 잘 만났어?"

"아니요……."

그렇게 기대하던 동화 속 주인공과의 만남이 이루어지지 않자 아이는 오전 내내 시무룩해 있었다. 이럴 때는 종종 다양한 독후 활동으로 아이가 감동과 여운을 표출해내도록 도왔다.

"우리 '헨젤과 그레텔'에 나오는 과자 집을 만들어 볼까?"

"좋아요!"

딸과 나는 커다란 박스를 잘라서 집의 기본 형태를 만들고, 집에 있던 과자와 사탕, 초콜릿을 커다란 박스 집에 예쁘게 붙였다. 그리고 색종이로 집 주위에 나무와 길도 만들어주었다. 또 도화지에는 헨젤과 그레텔 그리고 아빠를 그려서 집 주위에 세워두었다.

"무섭고 힘들었지? 이제는 아빠랑 행복하게 살아."

아이는 헨젤과 그레텔에게 작별 인사를 한 후, 만족스러운 미소를 지으며 동화책을 책꽂이에 꽂았다.

아이가 책에서 받은 감동과 깨달음을 더 넓게 확장하고 오랫동안 간직하게 하려면, 다양한 독후 활동으로 생각의 가지를 넓혀주자. 쓰기, 그리기, 만들기, 음악으로 감상 표현하기 등 정해진 형식 없이 아이가 원하는 대로 자유롭게 표현한다.

"독후 활동은 책의 감동과 깨달음을 더 넓게 확장하고 오랫동안 간직하게 해준다."

"독후 활동은 아이가 원하는 방식으로, 즐겁고 신나게 하면 된다."

쓰기는 아이가 책을 읽고 느낀 점, 궁금한 점 등을 간략하게 정리해서 쓴다. 또 책에서 가장 마음에 드는 문장을 옮겨 쓰거나 아이가 등장인물이 되어서 하고 싶은 말을 말풍선에 쓰는 것도 좋다. 영유아는 글을 쓰는 것이 능숙하지 않으니 아이의 이야기를 들은 후 부모가 대신 정리해서 써주면 된다.

그리기는 간단하게는 주인공 모습 그리기, 가장 기억에 남는 장면 그리기 등이 있고, 조금 더 심화한다면 주인공에게 그림 편지 쓰기, 주인공과 식사하기, 이야기 속 악당 혼내주기 등 다양한 주제를 정해서 연필, 색연필, 크레파스, 물감과 같은 여러 재료를 활용하여 그리면 된다.

만들기는 책 속 주인공을 그려서 오리기를 비롯해 책 속의 인상 깊은 장소나 건물, 물건 등을 밀가루, 나뭇잎, 나무, 종이 등 다양한 재료를 활용하여 자유롭게 만들면 된다. 이런 활동을 통해 아이는 상상력과 창의력을 키우는 것은 물론이고, 책에 대한 친근감을 높이고 소근육을 발달시켜 나갈 수 있다.

책을 읽은 뒤에 어떤 활동을 하든지 아이가 즐겁고 신나야 한다는 것을 잊지 말자. 그리고 아이의 모든 독후 활동에는 긍정의 피드백도 아끼지 말아야 한다. 생각이나 깨달음에는 정해진 정답이 없는 만큼 아이가 느끼고 표현하는 모든 것이 다양성과 가능성으로 인정되어야 한다. 그래서 부모는 아이의 생각에 점수를 매기기보다는 다양한 독후 활동을 통해 아이의 마음에 머문 감동과 깨달음이 한껏 자라날 수 있게 최선을 다해 도와야 한다.

아이의 깨달음을 함께 실천하기

"놀부는 너무 나빠요. 동생을 잘 돌봐주지도 않고 괴롭히기만 하니까요."

"그러게 말이야. 형이니까 가난하고 힘든 동생을 잘 돌봐주면 좋을 텐데."

"나는 이제부터 동생에게 아주 잘해줄 거예요. 맛있는 것도 나눠 먹고 힘든 것도 도와주고."

"그렇구나! 우리 아들은 분명 착하고 좋은 형이 될 거야."

책을 읽고 나면 아이는 제 나름의 깨달음을 부모에게 들려준다. 이때 깨달음이 단순히 마음에만 그치는 것이 아니라 행동으로까지 나오게 하려면 부모가 살짝 손 내밀어 이끌어주면 된다.

"그러면 우리 당장 동생에게 마음을 표현해볼까?"

"어떻게요?"

"동생이랑 같이 재미있게 놀아주는 거지. 그리고 동생이 어려워하고 힘들어하는 일이 있으면 네가 먼저 도와주는 거지. 넌 형이잖아."

책을 통한 아이의 깨달음이 흐려지거나 사라지지 않도록 지속적으로 실천을 이끌고 돕는다면 한 권의 책은 최소한 하나 이상의 태도 변화와 실천을 낳을 수 있다.

요즘은 아예 깨달음을 실천으로 이끄는 다양한 '실천 동화'가 나오기도 한다. 올바른 식습관, 공중도덕, 질서, 배려, 공감, 자연보호, 생명존중 등 아이가 세상을 살아가면서 반드시 알아야 할 소중한 가치들에 관해 이야기하고 실천을 이끄는 책이다.

영유아들은 혼자의 힘으로 이런 깨달음을 실천으로까지 이어가기가 쉽지 않다. 그래서 아이와 함께 책을 읽고 깨달음에 관해 이야기를 나누며 함께 실천하는 것을 생활화한다면 아이의 좋은 품성과 올바른 도덕관을 심어주는 데 큰 도움이 된다.

"이건 쓰레기가 아니에요. 물로 씻은 후에 따로 버려야 해요."

"이건 나쁜 벌레가 아니죠? 죽이지 말고 그냥 밖으로 내보내 줘야 하죠?"

"집에서는 뛰면 안 돼요. 아래층에도 사람이 사니까요."

이렇듯 책을 통해서 깨달음을 얻고 함께 실천한다면 아이의 잘못된 행동을 미리 예방할 수 있고, 그만큼 아이를 혼낼 일도 줄어든다. 책을 통한 깨달음을 생활 속에서 하나둘 실천함으로써 어느 순간부터 아이는 누가 말하지 않아도 스스로 그것을 삶 속에 녹여나간다.

전략적 책읽기로
완성하는 유아 독서

아이 수준에 맞는 책 선정하기

책을 선정할 때에는 아이의 어휘력이나 이해 수준을 체크해야 한다. 책이 아이의 수준보다 너무 낮거나 너무 높으면 아이가 별다른 재미를 느끼지 못해 책 읽기를 싫어하게 된다. 전문가들은 아이가 내용을 90~95% 정도는 이해할 수 있고, 어휘도 80% 이상은 알고 있는 책이 읽기에 가장 적절한 책이라고 조언한다.

부모가 미리 읽어보고 아이에게 읽어주기

아이에게 책을 읽어주기 전에 부모가 미리 읽어보고 내용을 파악하고 있어야 한다. 그래야 감정을 잘 살려서 실감 나게 읽어줄 수 있고, 책을 읽은 후에 아이와 함께 이야기를 나눌 주제도 미리 정할 수 있다. 또 비슷한 가치와 교훈을 전하는 다른 책을 함께 읽어주어 비교하여 토론해볼 수도 있다.

새롭게 접한 어휘는 바로 활용하기

어휘력을 향상시키는 데에 독서만 한 것이 없다. 그런데 책을 통해 새로운 단어를 접했어도 그것을 일상에서 자주 활용하지 않으면 익힐 수가 없다. 책을 통해 새롭게 알게 된 단어나 표현들은 따로 메모하여 아이가 일상에서 자주 사용하도록 도와주어야 한다.

잔소리는 접고
책은 펼쳐라

Respectful Child Care

"왜 자꾸 음식을 흘리며 먹니?"

"놀이터에 다녀왔으면 손부터 씻어야지!"

모든 아이는 서툴고 실수를 한다. 어른도 가끔 실수하고 잘못된 행동을 하는데 아이는 오죽할까. 그런데도 부모들은 자신의 기준으로 아이를 바라보다 보니 못마땅한 점들이 자꾸 눈에 들어온다. 그리고 그럴 때마다 습관적으로 잔소리를 한다.

잔소리는 긍정적인 면보다 부정적인 면이 훨씬 많다. 즉각적인 행동 교정 효과는 있지만, 잔소리는 아이의 기분을 상하게 할 뿐만 아니라 자존감을 무너뜨리기도 한다. 부모들의 잔소리에 아이는 '나는 자꾸 밥을 흘리며 먹는 아이, 나는 신발도 제대로 못 신는 아이, 나는 놀이터에서 돌아와 손도 안 씻는 아이'라고 자신을 규정한다. 그리고 부모의 찡그린 표정을 보며 자신은 부모를 화나게 하는 못나고 나쁜 아이라고 생각하게 된다.

아이들이 올바르지 못한 행동을 하거나 서툰 행동으로 실수를 할 때는 가능한 직접적인 지적은 피하는 것이 좋다. 아이는 행위와 자신을 분리하여 생각하는 것이 익숙하지 않기에 자칫 자신의 잘못된 행위나 실수가 곧 자기 자신으로 느껴져 자신을 부정적인 이미지로 인식할 위험이 있다.

잔소리 대신 책으로 깨우치기

아이의 실수와 잘못에 대해 훈계하기 전에 왜 그런 행동을 하는지를 먼저 살펴야 한다. 아이의 행동이 서툴러서 그런 것이라면 행동의 정교함을 강화시키는 것에 집중해야 한다. 그리고 행동 기준이 바로 서지 않아서 그런 것이라면 행동의 기준을 분명하게 잡아주면 된다. 또 품성이 문제라면 이 또한 올바르게 이끌어주면 된다.

예를 들어, 아이가 식사 때마다 음식을 흘리며 먹는다면 우선은 아이의 행동을 잘 관찰한다. 수저를 움직이는 소근육 운동이 서툴러서 그런 것이라면 반복적으로 가르치며 아이가 능숙해질 때까지 기다려준다. 이때 아이가 좀 더 능숙하게 사용할 수 있는 수저와 포크를 함께 고르는 것도 좋다. 그리고 한 번에 많은 양을 떠먹지 않도록 훈련하면 흘리는 음식도 그만큼 줄어들게 된다. 한편, 아이가 밥을 너무 급하게 먹거나 산만하게 먹어서 음식을 흘리는 것이라면 태도를 교정해줘야 한다. 이런 식습관은 유치원이나 학교 등 단체생활을 할 때 주위에 피해를 주니 반드시 교정해야 한다.

아이의 잘못된 행동을 교정할 때에 "왜 자꾸 음식을 흘리고 먹니?"라는 잔소리 대신 백과사전이나 자연동화와 같은 책을 펼쳐서 '왜 음식을 흘리고 먹으면 안 되는지'를 이해하도록 돕는다. 한 톨의 밥알에 볍씨가 벼가 되고 쌀로 자라나 따끈한 밥이 되어 식탁에 오르기까지의 긴 여정과 그 안에 담긴 농부들의 정성과 수고를 보여주며 설명해준다. 그리고 쌀과 잡곡을 깨끗이 씻고 불려 밥을 하는 과정을 직접 보여주며, 부모 역시 건강하고 맛있는 음식을 가족에게 해주기 위해 수고하고 있음을 확인시켜주어야 한다.

"우리 딸이 좋아하는 김은 또 어떤 과정을 겪으며 우리 식탁까지 오는지 한번 살펴볼까?"

김이나 생선 등 아이가 즐겨 먹는 다른 반찬들도 식탁에 오르기까지 많은 사람의 수고와 감사가 있었음을 책을 통해 일깨워주면 된다.

"다들 너무 힘들겠어요."

"우리가 먹을 음식을 키우고 만드는 모든 분이 얼마나 고생하시는지 안다면 우리는 음식을 어떻게 먹어야 할까?"

"맛있게요."

"그렇지, 맛있게 냠냠 먹으면 그분들이 정말 행복하실 거야. 그런데 힘들게 키운 쌀이 입으로 들어가지 않고 식탁 위나 바닥에 떨어져서 쓰레기가 된다면 그분들의 기분이 어떨까?"

"슬플 것 같아요."

"맞아, 엄마도 열심히 요리한 음식이 여기저기 튀어서 버려지면 너무 속상한데 그분들도 분명 많이 속상하고 슬플 거야."

이 정도만 말해도 아이들은 다 알아듣는다. 물론 깨닫는 것과 실천하는 것은 다르기에 이후 식사 자리에서 한 번 더 강조해주면 좋다. "이 음식들을 식탁으로 보내주신 아저씨 아주머니들이 슬퍼할지도 모르니까 우리 천천히 흘리지 않고 먹도록 노력해보자." 하고 '하라'는 일방적인 지시가 아닌 '하자'로 표현해 함께 노력할 것을 유도하면 좋다. 그리고 아이가 노력하는 모습을 보이면 "우리 딸이 노력해줘서 엄마는 기분이 정말 좋아." 하고 노력을 칭찬해주며 더 잘할 수 있도록 의욕을 북돋아 준다.

이야기 속으로 들어가 나를 객관화하기

유치원에서 아이들과 생활하다 보면 이런저런 문제 행동들이 종종 눈에 들어온다. 그럴 때 역시 되도록 동화를 활용하여 아이들이 올바른 행동을 하도록 유도하는데, 상황에 꼭 맞는 이야기를 찾기 어려울 때는 즉석에서 지어내기도 한다.

하루는 한 아이가 쉬는 시간에 유치원 여기저기를 오가며 "에이 씨! 에이 씨!" 하고 말하는 것이다. 전혀 그런 말을 쓰지 않던 아이였는데 갑자기 그러는 것을 보니 분명 전날 동네 놀이터 같은 곳에서 누가 그런 말을 하는 것을 들은 모양이었다.

문제는 여기서 그치지 않았다. 한 명이 이상한 말을 하니 애들이 너나없이 흉내 내며 따라 하기 시작했다. 이 상황을 그냥 두고 볼 수 없어서 나는 아이들을 모두 불러 모았다. 아이들은 내가 재미있는 이야기를 들려주는 것을 좋아해서 금방 내 앞으로 모였다.

"원장 선생님이 며칠 전에 놀이터에 갔는데 거기에 진짜 멋진 친구들이 많이 있었어요. 친구들과 사이좋게 지내고 차례로 줄을 서서 놀이기구도 타고 정말 멋져 보였어요. 그런데 저쪽에서 형아가 한 명 걸어오더니 멋지게 잘 놀고 있는 친구들 사이로 들어가서는 '에이 씨! 에이 씨!' 이러면서 지나가는 거예요. 그래서 어떤 친구는 무서워서 울기도 하고, 또 어떤 친구는 너무 놀라서 뒤로 넘어지기도 했어요. 여러분이 생각할 때 그 형아는 어떤 거 같아요? 멋진 형아 같아요? 안 멋진 형아 같아요?"

이야기가 끝나자마자 아이들은 그 형은 멋지지 않다고 하며, 친구들을 방해하고 나쁜 말도 썼다고 나름의 의견을 냈다. 이쯤 되면 내가 딱히 설명을 덧붙이지 않아도 '에이 씨! 에이 씨!'라는 말을 처음 시작한 아이와 그 말을 주동하고 다녔던 몇몇 아이들은 표정이 굳어지거나 눈치를 살피기 시작한다. 뭔가 자신이 바르지 못한 행동을 했음을 느끼는 것이다.

이때 이야기 속의 주인공을 너무 나쁘게 몰아가면 그런 말을 했던 아이들이 상처받을 수 있기에 "원장 선생님 생각에는 아마 그 형아가 잘 모르고 그런 말과 행동을 했을 것 같아요." 하고 덧붙여주었다.

옳고 그름을 깨우쳐주었다고 해서 아이들의 행동이 금세 달라지는 것은 아니다. 특히, 욕설같이 자극적인 말과 행동은 단순히 호기심과 재미로 하는 아이들도 있기에 대안을 제시해서 이들의 관심을 다른 쪽으로 돌려주어야 한다.

"그러면 그 말 대신 사용하면 좋을 말은 뭐가 있을까요?"

이때 어른이 나서서 이끌기보다는 아이들 스스로 의논을 통해 대안을 찾도록 하면 좋다. 물론 아이들이 힘들어하면 슬쩍 적당한 말을 흘려주는 것도 괜찮다. 그날 우리는 의논을 통해 '에이 씨'라는 말 대신 '어이쿠'라는 말을 쓰기로 약속했다. 덕분에 그날 이후로 아이들은 뭔가 난감한 상황이나 못마땅한 상황이 되면 "어이쿠!" 하며 자신의 감정을 표현했다.

아이들은 꽃으로도 때리지 말라고 했다. 그러니 신체적인 체벌이 아니더라도 훈육이란 이름의 잔소리는 아이들에게 폭력이 될 수 있다. 특히, 유치원처럼 여러 친구가 있거나 집에서는 형제가 있을 때 등 모두가 보는 앞에서 아이를 꾸짖거나 잔소리하는 것은 바람직하지 않다. 아이들도 제 나름의 모멸감과 수치심을 느낀다.

바람직한 행동으로 교정하기 위해 꼭 잔소리해야 한다면 동화와 같은 스토리 안에 아이를 주인공으로 등장시켜 객관화해주는 것이 좋다. 그리고 이때도 '앞으로는 우리 모두 이렇게 해보자.'처럼 특정 아이가 아닌 모두에게 함께 노력해야 할 방향을 제시해주어야 한다. 그래야지만 아이는 부모나 선생님이 자신을 혼내려는 것이 아니라 모두를 올바르게 이끌어가는 것임을 느끼게 된다.

아이의 소중한 순간들을 기록하고 보관하기

아이들은 빠르게 자란다. 육아와 가사일로 바쁜 시간을 보내다 보면, 어느새 훌쩍 커버린 내 아이가 우뚝 서 있다. 대견하기도 하지만 어쩐 일인지 아쉬운 마음도 크다.

요즘은 블로그 등 SNS를 활용해 아이의 성장 과정과 놀이의 결과물로 탄생한 다양한 작품들을 기록으로 남기는 부모들이 늘고 있다. 하지만 내가 딸을 키우던 30여 년 전에는 요즘처럼 편리하게 사진을 찍고 남길 수 없어서 그날그날 공책이나 수첩에 짧은 메모를 하는 것이 전부였다. 손녀를 키우고 영유에서 아이들을 가르치면서 종종 딸을 키웠던 지난날들을 추억하는데, 그때마다 당시에 충분히 기록하지 못한 게 무척 후회가 됐다. 다행히 손녀들을 키우면서는 많은 자료를 기록하고 보관해 두었다. 성과를 지배하는 힘을 가진 3P 바인더라는 도구를 만났기 때문이다. 그 3P 바인더를 활용해 손녀들의 성장 기록은 물론이고, 아이들의 다양한 작품과 낙서들도 모두 보관해두었다. 아이들은 기록으로 남은 자신의 솜씨들을 보면서 글을 쓰거나 그림을 그릴 때 다시 영감을 창조해내기도 하는데, 이런 모습조차 내게는 경이로움으로 다가왔다. 또, 손녀들과 함께 사진과 글, 작품들을 보면서 지난 추억을 나누기에는 이보다 좋은 매개체가 없다.

영유아들의 시간은 부모에게 매 순간이 감사한 보석이고 빛이다. 그러니 아이와 함께한 소중한 시간과 귀한 추억들을 최대한 많이 기록하고 보관해보자.

PART 05

발달 단계 존중으로 글로벌 인재를 키우기

발달 단계를
존중한
외국어 교육의 효과

"Where are you going?"

손녀 희원이가 만 두 살이 되었을 무렵, 예방접종을 위하여 병원으로 가는 승용차 안에서 차 안이 너무 조용하기에 내가 무심코 아이에게 던진 질문이다. 그랬더니 놀랍게도 아이는 "I'm going to the hospital."이라며 정확하게 대답을 하는 것이다.

"아니, 네가 어떻게 그걸 알아듣고 대답을 할 줄 알아?"

제 엄마도 너무 놀라서 아이에게 물었지만, 아이는 대답 대신 그냥 눈만 끔뻑였다. 그 모습은 마치 "어디 가느냐고 물으니 그냥 병원에 간다고 대답한 건데 왜 그렇게 놀라세요?"라고 묻는 듯했다.

나는 손녀가 태어나고 한 달이 지났을 무렵부터 매일 규칙적으로 동요나 챈트chant 등이 담긴 영어 오디오물을 틀어두었다. 그리고 아이를 목욕시킬 때도 일일이 손, 발, 얼굴 등 신체의 이름을 가르쳐주면서 영어도 함께 가르쳐주었다. 놀이터에 가는 등 일상에서도 최대한 영어 단어를 함께 들려주었다.

물론, 돌도 안 된 아이에게 그렇게 했던 것은 단어를 외우거나 영어 문장의 의미를 알아듣기 바라서가 아니었다. 그저 어렸을 때부터 영어 환경을 만들어주면 영어와 더 빨리 친해지고 훗날 본격적으로 영어를 배울 때 도움이 되지 않을까 해서다. 그런데 항상 배경 음악처럼 흘려듣던 챈트를 아이가 이해하고 말할 수 있다는 것이 너무나 신기하고 놀라웠다.

영어, 일찍 시작하면 독이다?

국제화 시대가 열리면서 영어를 비롯한 외국어 능력을 갖추는 것은 선택이 아닌 필수가 되었다. 특히, 대표적인 글로벌 언어인 영어는 모국어 다음으로 반드시 익혀야 할 필수 언어이다.

영어가 전 세계인의 의사소통 수단인 만큼 영어교육의 필요성에 대해서는 모두 공감한다. 하지만 영어를 비롯한 외국어 교육을 언제부터 시작하는 것이 좋은지에 대해서는 의견이 서로 엇갈린다. 일부에서는 '영어를 비롯한 외국어는 최소 만 6세가 지난 후에 시작하는 것이 좋다.'라고 주장한다. 뇌에서 언어처리를 담당하는 측두엽이 발달하는 시기가 만 6세 이후부터라 그 이전에 들어오는 언어적 자극은 그다지 효과가 없다는 것이 주된 이유이다. 즉, 만 6세 이전의 아이들에게 모국어는 물론이고 외국어 교육 등으로 언어적 자극을 주어도 효과는커녕 오히려 스트레스만 유발한다는 것이다.

한편, 이를 반박하며 새로운 주장을 펼치는 학자들은 '영어를 비롯한 외국어는 모국어처럼 무조건 일찍 시작하는 것이 좋다.'라고 말한다. 그 근거로 아이의 두뇌발달과 '재능 체감의 법칙'을 들고 있다.

연구에 의하면, 아이는 0~5세를 지나는 동안 성인 수준의 90%에 달하는 두뇌가 완성된다. 또 0세부터 적절한 교육을 받은 아이는 타고난 재능의 100%를 발현하지만, 생후 6개월의 아이는 80%로 그 가능성이 떨어진다. 그리고 7~18개월의 아이들은 전체 잠재력의 60% 수준만이 계발 가능하며, 18개월 이후부터는 계발 가능한 잠재력이 점차 줄어들어 만 5세가 되면 20% 미만으로 낮아진다고 한다. 그러니 외국어 역시 다른 재능들과 마찬가지로 최대한 일찍부터 시작해야지만 잠재력의 최대치를 끌어낼 수 있다는 것이다.

세계적인 아동발달학자 글렌 도만Glenn Doman 박사는 연구를 통해 '아이는 0세에 가까울수록 놀라운 언어적 능력이 있다'라는 사실을 밝혀냈다. 그리고 아이는 학습에 대한 의욕이 무척이나 높아서 만 5세까지 엄청난 양의 지식을 습득한다고 한다. 또한, 뇌 발달 과정에 근거했을 때, 학습에 결정적인 시기는 0~5세이며, 이 시기에 아이는 무려 5개 국어를 할 수 있다고 한다.

엇갈리는 두 주장 중 나는 후자와 뜻을 같이한다. 이론적인 근거도 더 신뢰가 가지만 무엇보다 나는 딸과 손녀들, 그리고 영유를 운영하며 여러 아이가 영어를 습득하는 과정을 지켜보았다. 그리고 이른 시기에 영어를 시작하는 것이 결코 독이 되지 않는다는 것을 확인했다.

만 6세 이전 아이에게 언어교육이 스트레스가 되는 것은 전적으로 교육 방법이 잘못되었기 때문이라고 생각한다. 이 책의 앞부분에도 강조했듯이 영유아들의 교육은 무조건 재미있고 즐거워야 한다. 재미있지 않으면 그 어떤 교육도 아이들에게는 스트레스다. 그래서 영어를 비롯한 외국어를 주입식 교육이 아닌 놀이 위주의 교육으로 이끌어간다면 0~5세의 아이들도 충분히 모국어처럼 친숙하게 익힐 수 있다.

실제로 교육 현장에서 오랜 기간 많은 아이의 변화를 지켜보며 나는 영어를 일찍부터 시작한 아이와 그렇지 않은 아이의 차이를 확연하게 느낄 수 있었다. 일찍부터 영어를 접한 아이들은 초등학생이 되어 영어를 접한 아이들에 비해 말하기와 같은 아웃풋을 창출해내기까지 더 오랜 시간이 소요된다. 이는 말을 하는 기능을 담당하는 뇌의 브로카 영역이 생후 12개월 이후에 발달을 시작해 3~6세에 급격하게 발달하기 때문이다.

돌 이전부터 영어를 접한 아이들은 듣기를 통해 단어와 문장을 꾸준히 축적해두었다가 브로카 영역의 발달과 함께 제 안의 것을 터뜨려낸다. 영어로 말을 하게 되기까지의 시간은 상대적으로 오래 걸리지만 한번 말문이 터지면 빠르게 말을 배우고 활용한다. 느릿느릿 따라오는가 싶다가도 일순간에 말문을 폭발적으로 터뜨리는 모습이 마치 모국어를 습득하는 과정과 흡사하다. 또 새로운 단어를 배우면 기존의 문장들에 활용해서 스스로 새로운 문장을 만들어내기도 한다.

이는 일찍부터 영어 환경에 노출된 아이들이 앞서 말한 '재능 체감의 법칙' 외에도 충분한 듣기 시간을 확보할 수 있었던 덕분이기도 하다. 이 아이들은 듣기에 할애되는 물리적인 시간을 충분히 확보함으로써 소리와 이미지를 묶어 특정한 뜻을 가진 '어휘'로 완성하고, 그것을 차곡차곡 머릿속에 축적할 수 있다. 이렇게 쌓인 어휘들은 아이가 이후 문장을 완성하는 능력을 익혔을 때 다양하게 활용할 수 있는 좋은 재료가 된다.

물론 이러한 관점에서 본다면, 영어를 늦게 시작하더라도 듣기에 충분한 시간을 할애한다면 실력을 키울 수 있다. 전문가들은 영어를 시작한 지 첫 3년은 하루 2시간씩 꾸준히 영어를 들을 수 있도록 해주며, 2시간 중에 하루 30분씩은 소리와 이미지를 연결하는 '집중 듣기'를 해주라고 조언한다. 영유아기의 집중 듣기는 영어 동요, 챈트와 같은 오디오물이나 그림책, 영상물, 엄마와의 놀이 등을 통해 소리와 이미지를 연결시켜주는 것을 말한다. 이렇게 꼬박 2,200시간을 듣기에 할애하면 비로소 귀가 열린다고 한다.

초등학교 1학년에 처음 영어를 시작했더라도 하루 2시간씩 꾸준히 3년간 영어 듣기를 한다면 좋은 결과를 기대할 수 있다. 이 기간에는 아웃풋에 대한 기대 없이 꾸준히 영어 소리를 듣고, 영어 영상물을 보고 들으며 인풋을 충족시켜주어야 한다. 그러나 현실에서는 초등학교 진학을 앞두고 부랴부랴 아이를 영유나 영어학원에 보내며 부모는 당장 눈에 보이는 아웃풋을 바랄 때가 많다. 모국어를 잘하듯이 영어도 입에서 술술 나올 것이라 기대하는 것이다. 이러한 부모의 넘치는 기대와 기다리지 못하는 조급함은 영어 듣기에 필요한 물리적인 시간을 확보하지 못하게 만들고, 그 결과 아이 안에 소리와 이미지가 연결되어 '소리 언어'로 완성되는 것을 더디게 할 수 있다.

초등학교에서 영어를 가르칠 때도 3년이란 긴 시간을 듣기에만 할애해주지 않는다. 언어 습득의 기본인 듣기가 충분하지 않은 상황에서 쓰기, 읽기, 말하기를 쌓아가니 영어가 '언어'로서의 힘을 갖추기가 힘들어지는 것이다. 이런 상황들을 모두 고려할 때, 듣기에 할애되는 3년의 세월을 일찍부터 확보해두는 것은 영어교육에 있어 무척이나 중요하고 의미 있는 일이다.

초등학교에 진학해 처음 영어를 배운 아이가 100점짜리 시험지를 들고 온다고 해서 마냥 기뻐해서는 안 된다. 영어는 학문이 아닌 언어다. 내 몸에 배고 입에 착 달라붙지 않으면 머릿속에 머물다가 시험지에 정답만 적어내는 책 속의 학문으로 머물고 만다. 아이가 영어를 모국어처럼 친숙하게 생각하고 망설임 없이 자동으로 튀어나오게 하려면 가능한 한 일찍 시작하는 게 좋다.

외국어 발음의 최적기를 놓치지 않기

요즘은 내가 영어를 배우던 40여 년 전과는 달리 발음을 중요하게 생각하는 분들이 늘고 있다. 물론 발음을 원어민 수준으로 완벽하게 구사하는 것이 영어 실력을 좌우하는 결정적인 요소는 아닐 것이다. 그런데도 기왕이면 정확한 발음으로 영어를 말하는 것이 원어민과 좀 더 원활하게 소통하는 데 도움이 됨은 부인할 수 없다.

나는 10여 년 전부터 현재까지 매일 꾸준히 영어를 공부한다. 영어를 언어로 자연스레 습득할 최적의 시기를 놓쳐버린 탓에 쓰고 외우고 흉내를 내면서라도 뒤늦은 노력을 해보는 중이다. 웬만한 생활영어는 충분히 이해하고 말을 하기도 하지만, 나는 꼭 필요한 상황이 아니면 유치원 아이들 앞에서는 영어로 말하지 않는다. 원어민 선생님과 수업을 하며 본래의 영어 발음에 익숙한 아이들에게 어색한 내 발음을 들려주어 혼란을 주고 싶지 않아서이다.

학창시절까지 포함하면 족히 20년은 영어를 배웠지만, 내 발음은 원어민들의 발음과 비교하면 어색하기 그지없다. 이미 혀도 굳어진 데다 아무리 들어도 그 소리가 그 소리처럼 들리니 오랜 시간 애를 써도 원어민과 같은 자연스러운 발음은 나오질 않는다. 영어 발음을 잘하는 비법은 최대한 들리는 대로 따라 하는 것인데, 소리의 차이가 느껴지지 않으니 발음도 '그게 그것처럼' 하게 된다. 나는 이것이 소리를 구별하고 들리는 대로 발성하는 외국어 발음의 최적기를 놓친 탓이라 생각한다.

김영훈 교수는 "외국어의 소리를 구별할 수 있는 능력은 생후 6개월부터 서서히 사라지기 시작한다."라고 말한다. 또 외국어의 소리 구별 능력은 모음부터 사라지기 시작하는데, 영어를 모국어로 사용하는 나라의 아이들은 생후 6개월이 되기도 전에 독일어나 스웨덴어의 모음을 구별할 수 없게 된다고 한다. 자음의 경우도 생후 10~12개월이 되면 구별하는 능력이 현저하게 감소한다.

미국에서 베스트셀러 육아서를 집필한 트레이시 커크로Tracy Cutchlow의 《최강의 육아》에도 이와 비슷한 이야기가 나온다. 저자는 이 책에서 "아이들은 생후 1개월 무렵부터 여러 언어의 음운 차이를 정교하게 구별해낼 수 있지만, 보통 8~10개월 무렵이면 이런 능력이 사라진다."라고 소개한다.

한국인이 가장 어려워하는 영어 발음 중 하나가 'R'과 'L'이다. 그런데 이것은 비단 우리나라만의 문제만은 아니다. 가까운 일본만 하더라도 대부분 사람이 'R'과 'L'의 발음을 잘 구별하지 못한다. 일본어에는 그런 발음이 없기 때문에 일상에서 'R'과 'L'을 들을 일도 말할 일도 흔치 않기 때문이다.

미국의 워싱턴대학교에서 수행한 연구에 의하면 일본의 아이들도 생후 10개월이 되기 전까지는 'R'과 'L'을 제대로 구별할 수 있다고 한다. 그리고 이 시기에 반복적으로 영어 환경에 노출되어 'R'과 'L'의 발음을 들은 아이들은 이후에도 정확하게 그것을 가려낸다고 한다. 하지만 영어를 모국어로 사용하지 않는 나라 아이들이 이 시기에 반복적으로 영어를 접하는 경우는 드물기에 대부분 일본인이 'R'과 'L'을 구별할 기회를 놓쳐버리고, 이후에도 영원히 그 능력을 잃고 만다는 것이다.

우리나라 사람 역시 일본인처럼 'R'과 'L'을 잘 구별하지 못한다.

신생아 때부터 부모가 의식적으로 아이에게 영어 환경을 만들어주지 않는다면 평소에 모국어로 사용하지 않는 발음들을 구별할 능력을 영영 상실하게 되고, 발음도 못하게 된다고 한다. 언어의 발음은 들리는 대로 흉내 내며 익히는 것인데, 소리를 구별하지 못하니 발음도 하지 못하는 것은 당연한 결과이다.

> "영어 발음을 잘하는 비법은 최대한 들리는 대로 따라 하는 것이다."
> "생후 10개월 이전에 영어 환경에 노출되지 않으면 평소에 사용하지 않는 발음들을 구별할 능력을 영영 상실하게 된다."

중학교에 들어가서야 영어를 처음 접하게 된 나는 아무리 애를 써도 'R'과 'L'의 소리가 구별이 되지 않는다. 그러니 발음을 하기도 어렵다. 이런 나와는 달리 손녀는 태어나서 한 달 정도 지난 뒤부터 원어민의 발음이 담긴 동요와 챈트 등을 들으며 꾸준히 영어 환경에 노출되었다. 덕분에 현재 초등학교 고학년이 된 손녀는 'R'과 'L'의 완벽한 구별은 물론이고 대부분 발음이 거의 원어민 수준이다.

물론 말을 하는 데 있어서 발음이 전부는 아니다. 하지만 기왕이면 발음도 원어민 수준으로 하는 것이 좋다. 특히, 내 아이가 주역이 되어 살아갈 20년 뒤는 세계를 무대로 자신의 재능을 펼치는 것이 당연한 일처럼 될 텐데 훌륭한 콘텐츠를 가지고도 발음이 어색해서 소통이 힘들다면 정말 안타까울 것이다.

나의 경험으로 비추어 볼 때 군이 부모가 원어민 수준의 발음과 어휘력을 가지지 않아도 다양한 미디어를 활용하여 신생아기에 꾸준히 영어의 다양한 발음을 들려준다면, 이후에도 그 능력이 유지되어 소리를 들리는 대로 발성하는 것이 가능해진다.

듣기만 해도
영어교육은
가능하다

Respectful Child Care

만 두 살이 지나자 손녀 희원이는 내가 운영하는 '영유유아의 발달 단계
에 맞추어 놀이를 통해 영어를 가르치고 교육하는 곳'에 입학해 본격적으로 원어민 선생
님들께 영어를 배웠다. 그렇게 3개월이 지난 후, 딸과 사위가 점심시
간에 잠시 유치원에 들른 적이 있다.

"This is my father. This is my mother."

희원이는 원어민 선생님께 자기 아빠와 엄마를 소개했다. 그 모습
이 얼마나 신기하던지 우리 모두 눈이 휘둥그레졌다. 영유에 입학한
후에 수업에서 가족이나 친구를 소개하는 것을 배우기는 했다. 그런
데 만 두 살이 막 지난 아이가 한두 번의 수업만으로 그 내용을 일상

에서 바로 활용하기는 쉽지 않다. 지난 2년간 꾸준히 영어를 접하며 제 안에 쌓아두었던 것들이 있었기에 가능한 일이었다.

모국어를 받아들이는 과정을 생각하면 이해가 훨씬 쉽다. 말문이 터지기까지 아이는 엄마를 비롯한 주위 사람들의 말을 들으면서 언어 능력을 차곡차곡 쌓아간다. 그러다가 말문이 터지면서 표현하기 시작하는 것이다.

언어는 어제 배웠다고 해서 오늘 당장 그것이 입에 착 달라붙으며 내 것이 되지는 않는다. 흉내는 낼 수 있어도 결코 내 것이 되지는 못한다. 언어는 지속적인 인풋을 통해 머릿속에 차곡차곡 쌓아두며 숙성의 시간을 거쳐야 한다.

이 과정에서 자신 안에 쌓여 있던 것은 언어를 어느 순간 다시 만나면 '어, 나 그거 들어본 적 있는데? 나 그거 아는데!' 하면서 더 적극적으로 받아들이게 된다. 이때 아이들은 눈빛부터 달라진다. 알고 싶고 배우고 싶은 욕구가 샘솟아 귀와 마음을 활짝 여는 것이다.

배경음으로 귀부터 열어주기

우리 영유에 다니는 아이 중에는 희원이처럼 신생아 때부터 영어 환경에 지속적으로 노출된 경우도 적지 않다. 이 아이들은 영어를 전혀 낯설어하지 않는다. 영어에 대한 두려움도 없을뿐더러 자신이 알고 있는 문장의 구조와 단어들을 조합해 하고 싶은 말은 어떻게든 하고야 만다.

212

신생아기부터 지속해서 영어 환경에 노출되는 경우는 크게 두 가지다. 하나는 부모 중 한 명이 영어를 모국어 수준으로 아주 능숙하게 사용하여 아이에게 계속 영어로 말을 걸어주는 경우이다. 그리고 또 다른 하나는, 영어를 잘하지는 않지만 다양한 오디오물, 동화책, 그림책 등을 활용하여 아이에게 꾸준히 영어 자극을 준 경우이다. 대부분 가정이 후자에 속할 것이다. 나 역시 그랬다. 많은 사람이 오랫동안 영어 공부를 했지만, 자유롭게 구사하지 못해 다양한 매체의 도움을 받는다.

흔히 언어를 배울 때는 귀가 열려야 한다는 말을 한다. 귀가 열리지 않으면 같은 말을 들어도 그저 소리로만 들릴 뿐 의미가 담기지 않는다. 그런데 언어에 대한 귀는 쉽게 열리지 않는다. A라는 소리 자극이 a라는 해당 이미지(의미)와 함께 반복적으로 들어와서 차곡차곡 쌓이면, 어느 순간부터 A와 a가 자연스레 연결되어 비로소 하나의 '단어'로 와 닿는 것이다.

모국어 역시 말문이 트이는 시기인 돌 이전의 아이는 '듣기'를 통해 찬찬히 언어의 의미를 익혀나간다. "아빠 어디 있어?" 하면 대답은 못 해도 손끝으로 아빠를 가리키고, "놀이터 갈까?" 하면 좋아서 고개를 끄덕인다. 앞서 설명했듯이 뇌에서 말을 알아듣고 의미를 파악하는 베르니케 영역이 먼저 발달하기 때문이다. 이 시기에는 주로 소리와 함께 제시되는 이미지나 행동 등을 연결시켜 단어를 학습해 나간다.

돌을 전후해서 말을 하는 영역인 브로카 영역이 발달하기 시작하면서 단어를 소리 내어 말하게 되고, 이후 꾸준히 소리 단어와 소리 문장을 습득하고 글자 단어와 글자 문장을 익혀간다. 아이는 '모국어 습득의 4단계'를 거치며 체계적으로 언어를 습득한다. MIT 기계과 객원 연구원이자 한국산업기술대학교 교수인 최종근 박사는 그의 저서 《뇌 속에 팍 꽂히는 소리단어 보카팟》에서 '모국어 습득의 4단계' 이론을 통해 0~12세까지 모국어를 습득해 나가는 과정을 소개했다.

'모국어 습득의 4단계' 중 1단계에 해당하는 만 0~3세의 아이들은 '소리 단어'를 먼저 익힌다. 이 시기의 아이들은 소리를 듣고 이미지나 행동 등을 보면서 이를 묶어 하나의 개념으로 만들어 '단어'를 기억한다. 이렇게 습득한 단어들을 배열해 조금씩 문장을 만드는 규칙을 터득해 간다.

2단계에 해당하는 만 4~6세의 아이들은 1단계 때와 같은 방식으로 계속 소리 단어를 습득하지만, 어른들이 읽어주는 책과 이야기 등을 통해 조금 더 복잡한 이미지와 개념까지 습득할 수 있다. 또한, 그동안 익힌 '소리 단어'들을 배열해 '소리 문장'을 만들어 활용할 수 있다.

3단계에 해당하는 만 7~9세의 아이들은 소리 단어와 소리 문장을 글자로 표현하는 것을 배우며, 자신이 듣고 말하는 소리와 쓰는 글자 간의 상관관계를 파악하고 규칙을 익혀간다. 물론, 이 시기에도 아이들은 여전히 새로운 단어를 꾸준히 습득해 어휘력을 키워간다.

마지막 4단계에 해당하는 만 10~12세의 아이들은 스스로 책을 읽으면서 글자를 소리로 신속하게 만들어내며, 소리 또한 글자로 정확하게 기록할 수 있다. 또 이 시기에는 글자와 소리, 이미지, 개념이 모두 하나의 것으로 인식할 수 있게 된다. 즉 글자를 보고 소리와 이미지, 개념을 동시에 떠올릴 수 있다.

영어와 같은 외국어 역시 모국어의 습득과 같은 과정을 거치면서 단계적으로 습득되어야 가장 이상적이다. 그래서 영유아기의 외국어 교육은 듣는 것으로부터 시작해야 하고, '듣기'에 할애하는 물리적인 시간 또한 어느 정도는 꼭 확보되어야 한다. 그런데 아이들은 돌이 지나면 걷는 것에 익숙해지면서, 한시도 가만히 있지를 못한다. 진득하니 한 자리에 앉혀두고 영어를 들려줄 수 없을뿐더러 놀이를 할 때 배경음으로 영어 동요를 틀어두어도 한 귀로 들어와 한 귀로 나가버린다. 영어보다 더 재미있는 놀이가 온통 정신을 빼앗는데 영어를 틀어둔다고 귀에 온전히 들어올 리가 없다. 그러니 비교적 움직임이 적었던 돌 이전과 비교할 때 듣기의 효율성이 떨어지는 것이다.

이런 아이의 발달상황을 고려한다면 활동성이 크지 않은 돌 이전의 시기가 영어 듣기의 최적기라 할 수 있다. 부모가 다양한 미디어를 활용해 생생하게 들려주는 영어의 소리 자극을 아이는 큰 저항 없이 스펀지처럼 흡수하기 때문이다. 게다가 돌 이전의 시기에 아이에게 꾸준히 영어 환경을 만들어주면 아이가 본격적으로 활동을 하고 자기 주장이 강해지는 시기를 지나면서도 영어에 대한 거부감이 생기지 않는다. 영어를 듣는 것은 이미 지난 1년의 세월 동안 익숙하게 해왔던 일이기에 당연한 일상으로 받아들이는 것이다.

돌 이전에 아이가 영어를 듣고 있다고 해서 오디오만 틀어두고 혼자 내버려 두어서는 안 된다. 오디오에서 흘러나오는 소리에 맞춰 엄마가 눈을 맞춰주고, 영어 단어에 맞춰 적절한 표정과 제스처, 율동 등 상호작용을 해주는 것이 좋다. 이를 통해 아이는 영어를 듣는 것 역시 엄마와의 즐거운 놀이로 받아들여 영어를 잘 흡수하게 되고, 엄마와 소통하고 공감하고 있다는 느낌 덕분에 감성적으로도 충분한 만족감을 얻는다.

한편, 이 시기에 주의해야 할 점은 아이의 영어 교육에 너무 치중한 나머지 모국어인 한국어 교육에 소홀해져서는 안 된다는 것이다. 평소 아이와 한국어로 교감하고 책을 읽어주는 등의 모든 일상을 그대로 유지하되, 별도의 시간을 할애해 아이와 영어로 놀아주면 된다.

외국어 교육에 대한 욕심이 지나쳐서 부모 양쪽 모두가 아이 앞에서의 대화를 모국어인 한국어가 아닌 외국어로만 한다면, 아이는 한국어를 제대로 배울 수 없을뿐더러 정상적으로 발달해야 할 인지능력과 사회성 등도 뒤처질 위험이 있다. 아이가 집 밖으로 나가서 만나는 대부분 사람은 한국어를 사용하는데 정작 그 말은 알아듣지도 못하고 말하지도 못하게 되니 당연한 결과이다.

소리와 이미지를 묶어주기

돌 이전의 시기가 듣기를 통해 영어와 친근해지고 영어 소리에 익숙해지는 시기라면, 이후부터는 본격적으로 소리와 이미지를 연결시켜 '소리 단어'를 만들어 주면 좋다. 소리 단어란, 앞서 설명한 '모국어 습득의 4단계' 이론에 나오는 개념으로, 단어를 습득하되 아직 글자로 읽거나 쓰지는 못하고 소리로만 듣고 말하면서 익힌 것을 의미한다. 즉, 아이들이 '엄마'라는 소리와 실제 엄마를 연결시켜서 인식하는 것이다.

여기에서 이미지란 '사과'나 '꽃', '엄마'와 같이 명사형으로 표현할 수 있는 분명한 형상을 가진 사물의 이미지 외에도 동사형으로 표현할 수 있는 '달린다', '먹는다' '청소한다'와 같은 움직이는 이미지, 그리고 형용사형으로 표현할 수 있는 '예쁜', '큰', '부드러운'과 같은 꾸미는 이미지까지 모두 포함하는 표현이다.

물론 돌 이전에도 부모는 간단한 소리와 이미지를 묶어 아이에게 소리 단어를 전달할 수 있다. 예컨대 목욕을 하며 "이것은 손이야. 손, 손."이라고 말한 후에 "This is your hands. hands, hands."라고 말해주는 것이다. 또 사과를 보여주며 "이건 사과야. 사과, 사과."라고 말한 후에 "This is an apple. apple, apple." 하고 이어서 말해주면 된다.

소리와 이미지를 묶어주기 위해서는 오디오(영어 동요, 영어 챈트)와 그림책 등을 적극적으로 활용해주고, 간단한 단어나 생활영어 등은 부모가 상황에 맞게 들려주면 된다. 일상에서 볼 수 있는 다양한 사물의 영어 이름을 수시로 들려주고, 그것을 직접 보고 만지고 느끼게 해준다. 예를 들면, 꽃을 보면서는 "flower."라고 말해주고, 꽃을 직접 만지고 냄새 맡게 해주면 아이는 꽃의 모양, 향기, 촉감을 모두 하나의 이미지로 만들고, 그것을 'flower'라는 소리와 함께 기억하게 된다.

또 오디오로 영어 동요와 영어 챈트 등을 들려줄 때 부모가 크고 신나는 목소리로 함께 따라 부르고 율동까지 한다면, 아이는 더 흥미를 느낀다. 그림책을 읽어줄 때도 풍부한 표정과 과장된 목소리로 읽어주고, 그림책에 등장하는 중요한 사물을 미리 준비하여 책을 읽어줄 때 소품으로 활용하면 좋다. 예컨대 사과가 쿵 하고 떨어지는 그림이라면, 실제 사과를 쿵 하고 떨어뜨려 보는 것이다. 그러면 아이는 이야기에 더 빠져들 수 있다.

또 아이가 번역서를 통해 이미 접한 그림책의 원서를 다시 읽어주면, 아이는 영어 그림책에 더 흥미를 보일 수 있다. 우리말로 먼저 접했던 책이라 일단 책 속의 그림을 보면 친근하고 반가운 감정이 든다. 그리고 같은 그림인데도 우리말이 아닌 영어로 이야기를 들려주니 신기하고 더 흥미가 느껴진다.

영어 동요나 챈트 등을 들려줄 때도 아이의 대답이나 호응을 유도하는 상호작용이 가능한 내용을 고르면 좋다. 예를 들면, 오디오에서 들려오는 소리에 맞춰 동물의 울음소리를 흉내 낸다거나, 간단한 감탄사나 대답, 행동 등을 엄마와 아이가 함께 따라 하는 것이다. 동물의 울음소리 같은 경우, 돼지는 '오잉크 오잉크$^{oink\ oink}$', 소는 '무우 ^{moo}', 곰은 크르르^{grrr}, 양은 '바^{baa}'와 같이 평소 우리말로 알고 있는 것과 다른 소리들이 많아서 아이들이 무척 흥미로워한다.

동물의 이름과 울음소리를 연결시키는 것은 오디오를 모두 듣고 난 후에 다시 한번 엄마와 놀이를 해보는 것도 좋다. 엄마가 개의 흉내를 내며 "dog."라고 말하면 아이가 "woof, woof!"라고 소리를 흉내 내는 말을 하는 것이다. 그러면 엄마가 다시 우리말로 "멍멍!"이라고 말하고, 동시에 두 언어로 "woof, woof, 멍멍!"이라고 말하며 소리의 느낌을 비교하는 것도 좋다.

만 2세가 지나면 컴퓨터나 DVD 등을 활용해 영상물을 보여주는 것도 괜찮다. '미국 소아과학회'는 유아 비디오 증후군을 염려하며, 생후 24개월 이전의 아이에게는 TV나 비디오 등의 영상물을 보여주지 말라고 경고한다. 유아 비디오 증후군은 두뇌의 발달이 미숙한 상태인 만 3세 미만의 아이들이 영상매체의 자극에 지나치게 노출되어 언어나 운동능력, 사회성, 정서 및 인지능력의 발달이 지연되고, 이상 행동이나 문제가 발생하는 것을 말한다. 만 2세 이전의 아이에게는 영상물을 활용한 영어 노출은 최대한 자제해야 한다.

만 2세 이후라도 아이 혼자 영상물을 보게 하기보다는 부모가 함께 시청하며 적절하게 상호작용을 해주어야 한다. 그리고 전문가들은 시청 시간도 초등학교 진학 전까진 1회에 30분을 넘지 않도록 하고, 하루에 최대 2시간을 넘기지 않도록 제한하라고 권한다. 또한, 초기에 영상물을 보여줄 때는 새로운 것을 보여주기보다는 아이가 이전에 이미 접했던 단어나 문장 표현들을 보여주는 것이 좋다. 예를 들면, 만 2세 이전에 오디오물을 통해 "This is my father.", "This is my mother.", "This is my teacher."와 같이 '사람을 소개하는 말'을 이미 접했다면, 영상물을 보여줄 때도 사람을 소개하는 말과 장면이 담긴 영상물을 보여준다.

익숙한 소리가 영상과 함께 들려오면 아이는 우선 반가운 마음을 가진다. 내가 아는 소리가 들리니 '어? 이거 많이 들어본 소리인데?'라고 느낀다. 그리고 그 소리가 들릴 때 나타나는 영상을 보며 '저 소리는 저런 상황에서 하는 말이구나!'를 배우게 된다. '소리'가 이미지와 연결되어 비로소 '언어'로 와 닿는 것이다.

영어 귀를 열어주는
1·2·3 법칙

· 반복적인 소리 자극을 통해 아이의 귀를 열어주고 영어와 친숙하게 하려면 〈1·2·3 법칙〉을 꾸준히 실천하면 큰 도움이 된다. 〈1·2·3 법칙〉에서 '1'은 하루를 의미한다. 영어가 일상의 언어로 와 닿기 위해서는 매일 꾸준히 접해야 한다. 그리고 '2'는 20분을 뜻한다. 시간이 너무 길면 집중력이 떨어지니 한 번에 20분 정도가 적당하다. 또 '3'은 하루 최소 3번은 반복해서 들어야 한다는 의미이다. 이때 아침, 점심, 저녁으로 나누어 규칙적으로 들으면 좋다.

· 소리 노출의 콘텐츠로는 동화, 동요, 챈트, 대화, 동시 낭송 등 아이가 호기심을 갖고 집중할 수 있는 내용이면 무엇이든 괜찮다. 동화, 동요, 챈트 등이 든 오디오물을 사거나 인터넷으로 자료를 구해 보면 주로 0~3세, 3~5세와 같이 연령별로 구분되어 있다. 이러한 구분은 참고는 하되 절대적인 것은 아니다. 전문가들은 같은 연령이라도 아이의 어휘력 등에서 차이가 있을 수 있기에 나이에 맞추기보다는 아이가 호기심을 보이고 집중하는 것을 추천한다. 내용도 매일 새로운 것을 다양하게 들려줘도 되고, 어느 정도 규칙을 정해 반복적으로 들려줘도 상관없다. 대신 아이의 상태를 고려해서 무엇을 들려줄지 정해야 한다.

놀면서 배우는
엄마표 영어

　나는 영유를 운영하지만, 영유아들에게 엄마가 직접 영어를 가르치는 엄마표 영어에 대해 적극 지지하는 입장이다. 집에서 꾸준히 엄마표 영어를 해줌으로써 아이의 영어 실력을 원어민 수준으로 이끌어준 엄마들이 제법 있다.

　"아이에게 엄마표 영어를 해주려면 엄마의 영어 실력이 출중해야 하는 것 아닌가요?"

　엄마표 영어를 할 때 엄마의 영어 실력이 출중하면 더없이 좋겠지만, 그것이 반드시 전제되어야 할 조건은 아니다. 오히려 실력보다는 꾸준히 실천할 수 있는 '의지'가 더 중요하다. 그리고 엄마의 실력이 부족한 만큼 엄마도 아이와 함께 영어를 배우고 익힌다는 태도로 임하면 된다.

엄마표 영어의 성공을 위해 필요한 것이 그 정도라면 나도 할 수 있을 것 같다고 생각하지만, 정작 도전하여 성공을 거두는 경우는 드물다. 제법 단단한 각오로 시작했지만, 수시로 밀려드는 의문에 마음이 흔들리고, 그때마다 걸음을 멈추곤 한다.

"도대체 언제쯤 효과가 나타나는 거지?"

"내가 지금 잘 하는 건가?"

인풋의 노력만큼이나 아웃풋이 나와 준다면야 힘들어도 신이 날 테다. 그런데 쏟아붓는 정성에 비해 아웃풋이 너무 더디고 미미하니 자꾸 힘이 빠지는 것이다.

엄마표 영어에서 의지만큼이나 중요한 것이 조급해하지 않는 것이다. 언어적 자극은 마른 논에 물을 대는 것처럼 초기 1~2년 동안은 겉으로 티가 나지 않는다. 바닥부터 물이 충분히 스며들어야지만 비로소 논의 표면도 촉촉해지듯이 충분한 영어 자극이 들어와야 어느 순간부터 아웃풋이 서서히 드러나게 된다.

가장 중요한 것이 아이에 대한 믿음, 그리고 엄마표 영어에 대한 확신이다. 농부가 흙 속에 씨앗을 심고 거름을 주고 잡초를 뽑아주며 정성을 다하는 것은 당장은 눈에 보이지 않지만, 훗날 그것이 줄기를 세우고 가지를 뻗어 꽃과 열매를 맺게 되리란 걸 믿기 때문이다. 이런 굳건한 믿음과 확신만이 엄마표 영어의 실천 의지를 성공에 이르도록 이끌어준다.

부족한 실력은 철저한 준비로 채우기

엄마표 영어를 할 때 엄마가 영어를 잘하지 않아도 된다고 해서 막무가내로 준비 없이 시작하라는 것은 아니다. 실력이 부족한 만큼 준비를 더 철저히 해야 한다. 아이와 함께 초행인 여행길을 떠날 때 엄마도 아이도 낯선 길이지만, 그 길에서 아이를 잘 안내하려면 엄마는 모든 것을 준비해야 한다. 여행지까지 이르는 노선, 여행지의 정보, 준비물 등 여행에 필요한 정보와 도구들을 미리 준비해야만 아이를 능숙하게 이끌 수 있다.

0~12개월까지 소리 위주로 영어 환경을 제공하겠다는 계획을 세웠다면, 이때 들려줄 콘텐츠에 대해 엄마가 충분히 익혀두어야 한다. 예를 들어, 아이에게 들려줄 영어 동요는 미리 가사를 익혀두면, 그에 맞춰 적절한 동작이나 소품을 보여주며 소리와 이미지를 연결시켜줄 수 있다. 또 멜로디나 리듬에 맞춰 적절한 율동을 해주면 아이에게 재미를 더해줄 수 있다.

이 외에도 아이를 목욕시킬 때, 아이와 산책을 할 때와 같이 오디오를 활용할 수 없는 상황에서는 엄마가 직접 동요를 불러줄 수도 있다. 아이는 매일 누워서 듣던 익숙한 노랫소리를 엄마의 목소리로 들으며 영어에 훨씬 더 친근감을 느낀다. 또 오디오에서 흘러나오던 영어를 엄마의 입을 통해 직접 듣게 됨으로써 영어가 일상의 언어라는 것을 느끼게 된다.

그림책은 문장의 발음을 엄마가 미리 훈련해서 아이에게 그림책을 보여주며 직접 읽어주면 좋다. 요즘은 기술이 발달하여 영어 발음을 연습할 수 있는 다양한 어플이 나와 있으니 이를 적극적으로 활용하면 된다.

돌이 지나 아이가 걷기 시작하고 한국어 말문이 조금씩 트이기 시작하면 소리와 의미를 연결시키는 활동을 본격적으로 시작해야 한다. 이때 엄마는 아이가 재미있게 즐길 수 있는 다양한 콘텐츠를 미리 준비하는 것은 물론이고, 내용이나 발음 등도 미리 훈련하여 아이를 적극적으로 이끈다. 예를 들어, 그림카드를 활용하여 아이에게 사물과 영어 이름을 연결시킨다면, 미리 발음을 익혀두어야 한다. 영유아용 단어들은 엄마들이 발음을 익히기에 그리 어렵지 않기에 조금만 노력하면 금세 익힐 수 있다. 이제부터 몇 가지 영어 놀이를 소개하려고 하는데, 이 외에도 유튜브나 블로그 등에 영유아와 함께할 수 있는 다양한 영어 놀이들이 소개되어 있으니 참고하면 더 익숙하게 놀이를 리드할 수 있다. 그리고 놀이에 필요한 소품이 있다면 미리 만들거나 준비해두는 것이 좋다.

영유아기의 외국어 교육은 만 6세 이후의 교육과는 달리 무조건 재미있고 즐거워야 한다. 그렇지 않으면 오히려 역효과가 날 수 있다. 그래서 엄마는 아이를 즐겁게 해줄 다양한 영어 놀이법의 정보를 구하고 미리 익혀서 아이를 신나는 영어의 세계로 능숙하게 안내해 주어야 한다.

매일 신나게 '영어'와 놀자

아이와 함께할 수 있는 영어 놀이는 무궁무진하다. 그중 카드놀이는 아이가 단어를 익힐 수 있는 최고의 놀이이다.

"Where is an apple?"

"Where is a pencil?"

아직 말이 서툰 아이라면 그림카드나 사물을 방 안 가득 흩어놓고 찾아오는 놀이를 하는 것도 좋다. 사물의 이름을 익히는 것은 물론이고 신체 운동까지 활발하게 하니 아이의 신체와 두뇌를 골고루 자극하는 아주 효과적인 놀이이다.

"What's this?"

"It's an apple."

"What's this?"

"It's a banana."

말문이 트인 아이에게는 묻고 답하는 놀이를 통해 영어에 대한 두려움을 없애주어야 한다. 이때도 카드를 활용하여 놀이할 수 있는데, 과일 그림이 그려진 카드를 차례로 보이며 엄마가 질문하면 아이가 대답한다. 이를 통해, 과일의 영어 이름을 알게 되는 것은 물론이고 "What's this?"가 "이건 무엇이니?"라는 의미인 것도 익히게 되어, 평소에도 주위의 사물을 보며 응용할 수 있다.

일상에서 여러 활동을 통해 자연스럽게 익히면 책상 앞에서 단순 암기하는 것보다 훨씬 더 기억하기가 쉽다. 주위의 다양한 사물이나 장난감 등으로 단어와 문장 표현을 익혀나가도록 하자. 만들기, 그리기, 건네주기, 상황극 놀이 등을 통해 신체활동도 즐길 수 있다. 이 중 건네주기는 엄마가 "Would you pass me the ☆☆?" 하면 아이가 해당 사물을 찾아서 건네주는 놀이를 의미한다. 사물의 이름, 다양한 색깔이나 모양의 영어 표현을 익힐 수 있고, 물건을 손에 쥐고 건네주는 행동을 통해 소근육의 정교한 움직임을 훈련할 수 있다.

"Do you like Ice Cream?"

"Yes, I do."

"Do you like tomato?"

"No, I don't."

위와 같이 아이에게 △△을 좋아하는지를 묻고 답하는 대화가 어느 정도 익숙해졌다면, 다음 단계로 아이의 상상력을 자극해 보는 것도 좋다.

"Do you like tomato Ice Cream?"

아이가 싫어하는 것과 좋아하는 것을 조합한 음식이나 사물 등을 연상시키며 그것을 좋아하는지 묻는 것이다. 이때 실제로 토마토와 아이스크림을 앞에 두고 물어보는 것도 좋다. 아이는 토마토로 만들어진 아이스크림을 상상하며 난감해할 것이다. 그러고는 "No, I don't."라고 대답할지도 모른다.

단어를 banana, juice, pizza, apple, paprika 등 여러 가지로 바꿔가며 놀이를 즐긴 후 실제로 아이가 좋아하는 음식의 조합을 맞춰 간식을 함께 만들어보는 것도 좋다.

Angry, sad, smile, cry 등과 같이 얼굴에 드러나는 여러 감정이나 상태를 아이와 함께 표현하는 놀이를 해보자. 부직포나 도화지 등으로 다양한 눈, 입, 눈썹 등의 모양을 만든 후 코만 붙어 있는 기본 얼굴 안에 해당 표정을 만들어 넣으면 된다. 즉, 엄마가 "angry!"라고 말을 하면 아이는 그 감정을 가장 잘 표현할 수 있는 눈과 눈썹, 입 모양을 골라서 얼굴을 만들어본다.

아이들과 함께할 수 있는 영어놀이 중 하나로 시장놀이도 있다. 옷이나 인형, 장난감 등을 진열해두고 부모와 아이가 손님과 점원의 역할극을 하는 것이다. 예를 들어, 엄마가 마음에 드는 치마를 가리키며 "How much is this skirt?"라고 물으면 아이가 "Two dollars."라고 말하는 것이다. 아이가 천 원, 만 원과 같은 큰 숫자의 표현을 어려워한다면 간단하게 1부터 10까지의 숫자 안에서 사용하는 것도 괜찮다. 아이가 익숙해지면 점점 더 숫자를 확장해가면서 표현해본다.

이 외에도 아이와 공놀이를 할 때 "Will you give me the blue ball?"이라고 말하면 색깔의 다양한 표현과 무언가를 달라고 부탁할 때의 표현을 함께 익힐 수 있다. 또 실제로 공을 부모에게 전해주는 활동을 통해 신체활동도 신나게 할 수 있다.

소개된 것들 외에도 아이와 함께할 수 있는 영어 놀이로는 동요 들으며 율동하기, 챈트 따라 하기, 그림책 읽으며 간단한 느낌 표현하기 등이 있다. 그리고 집에서 아이와 나누는 일상의 대화 중 간단한 것은 영어로 말을 걸어보는 것도 좋다.

일상에서 생활영어를 활용하는 법은 생각보다 간단하다. 책이나 인터넷 등을 통해 엄마와 아이가 나눌 수 있는 일상의 대화를 메모한 뒤에 미리 외워 둔다. 외우기가 쉽지 않으면 그 말을 활용할 장소 근처에 메모해 붙여두고 수시로 보면서 활용해도 좋다. 그러면 잊지 않고 자주 활용하게 되고, 반복해서 사용하다 보면 저절로 외워지기도 한다.

욕실 앞에는 "Wash your hands.", "Wash your face." 등을, 주방에는 "Could you give me a spoon?", "Could you give me some salt?" 등을, 냉장고 앞에서는 "Are you thirsty?", "Do you drink milk?" 등 자주 사용하는 표현들을 붙여두면 된다. 그리고 이 표현들은 아이의 수준에 맞게 점차 단어와 문장의 수준을 높여준다.

메모를 너무 많이 붙여두면 필요한 표현이 한눈에 들어오지않으니 완벽하게 외워진 표현은 떼어내고 새로운 문장을 수시로 추가해준다. 이때 아이가 간단하게 할 수 있는 대답은 미리 연습을 시켜서 짧게라도 아이와 대화를 주고받자. 예를 들면, 엄마가 "Could you give me some salt?"라고 할 때 아이가 그냥 소금을 건네주기보다는 "Sure, Here you are."라고 말하는 것을 연습해둔다.

아이가 조금 더 자라 문장을 외울 수 있다면 아이가 좋아하는 애니메이션 DVD를 활용하여 역할극을 해보는 것도 좋다. 엄마와 아이가 각자의 역할을 정해서 대사를 외운 후 역할극을 하면 되는데, 이때 캐릭터를 상징하는 가면이나 의상 등을 함께 활용하면 훨씬 더 감정을 살릴 수 있어서 몰입도 잘된다. 이런 역할극 활동을 통해 영어에 대한 친근감은 더욱 커질 것이다.

"말문이 트인 아이는 묻고 답하는 놀이를 통해 영어에 대한 두려움을 없애야 한다."
"영유아기 최고의 영어 교육은 다양한 영어 활동으로 아이와 신나게 놀아주는 것이다."

앞서 설명한 것들 외에도 책이나 인터넷을 찾아보면 아이와 일상에서 즐겁게 영어를 공부할 수 있는 방법은 수없이 많다. 이런 다양한 방법들을 적극적으로 활용해 아이와 놀아준다면 영어는 어렵고 힘든 공부가 아닌 즐겁고 신나는 놀이가 되어 아이의 일상에 깊이 뿌리를 내리게 된다.

외국어 교육은
함부로
만만하게!

"Hello, my name is Yubin. Nice to meet you."

만 3세에 영유를 찾은 유빈이는 원어민 선생님들을 보자마자 영어로 인사를 했다.

"Hi, Yubin. I'm so glad to meet you. How old are you?"

선생님 중 한 분이 유빈에게 답인사를 건네며 몇 살인지를 물으니 아이는 손가락 5개를 펼쳐 보이며 자신 있게 "Five!"라고 대답했다.

굳이 "I'm five years old in Korea."라고 대답하지 않아도 원어민 선생님들에게 충분히 아이의 뜻이 전달되었다. 원어민 선생님들의 환한 웃음에 아이는 생글거리며 이것저것 궁금한 것을 물었고, 선생님들의 질문에도 곧잘 대답을 했다.

물론 유빈이의 영어는 발음과 문장이 다소 어색했지만, 원어민 선생님 중 그 누구도 그것을 불편해하지 않았다. 오히려 "아이니까 당연한 거야.", "한국인인데 당연한 거지."라며 자연스럽게 받아들였고, 유빈이가 더 많은 말을 할 수 있도록 편안하게 이끌어주었다.

아이든 어른이든 영어를 익히며 걱정하는 것 중 하나가 "내가 하는 영어를 외국인이 못 알아들으면 어떡하지?", "내 발음이나 문장을 외국인이 한심하게 생각하면 어떡하지?"라는 것이다. 그런데 정작 외국인은 한국인이 영어를 말할 줄 안다는 것이 놀랍고 신기할 뿐 실력이 부족한 것은 당연하다고 생각한다. 그러니 괜한 염려로 주눅 들거나 겁을 낼 이유가 전혀 없다.

원어민에게 먼저 인사하는 아이

영어를 열심히 하는 아이와 영어를 두려워하지 않는 아이 중 누가 더 영어를 잘하게 될까? 보통은 후자이다. 영어는 언어이기 때문이다. 언어인 영어는 입 밖으로 내어 수시로 활용해야 하고, 그러려면 실력보다는 용기가 우선이다. 어설프더라도 용기를 내어 입을 떼고 자주 쓰다 보면 실력도 늘기 마련이다.

아이와 함께 엄마표 영어를 하며 걱정되는 것 중 하나가 '내 아이가 실제 외국인을 만나면 주눅 들지 않고 말을 잘할 수 있을까?'이다. 큰 믿음과 의지로 아이에게 꾸준히 영어 환경을 만들어주지만, 미디어 활용과 엄마와의 대화가 전부이다 보니 실제 외국인과의 대화에 두려움을 갖지 않을까 염려되는 것이다.

영유를 처음 찾는 엄마들의 표정에도 이러한 염려가 가득하다. 아이가 외국인 선생님을 보면 무서워하거나 피하지 않을까 걱정을 한다. 집에서 어느 정도 엄마표 영어를 해왔던 아이들도 이런 염려에서 자유롭지는 않다. 그간 영어는 엄마와의 놀이를 위한 언어였을 뿐 실제 외국인과의 소통을 위해 활용한 적이 없었으니 당연한 두려움이다.

혹시나 모를 이러한 염려를 줄이기 위해서는 아이가 어릴 때부터 외국인을 만나보는 기회를 만들어 주어야 한다. 그리고 용기를 내어 영어로 말을 걸어보고, 그것이 결코 두려움을 가지거나 겁을 낼만한 일이 아니란 것을 스스로 느끼도록 도와주어야 한다.

"외국인을 만날 기회를 어떻게 만들죠?"

외국인을 만나려면 외국인이 많은 곳으로 가면 된다. 나는 영유를 운영하기 전에는 손녀들을 데리고 이태원으로 자주 나들이를 갔다. 주말 낮의 이태원은 한국은 물론이고 다양한 외국의 문화가 공존하는 쾌적한 거리로, 아이와 함께 나들이하기에 손색이 없다.

"Hi?"

세련되고 거창한 말도 필요 없다. 아이가 외국인에게 먼저 손을 흔들고 인사를 건넨다면 그것으로 충분하다. 첫술에 배부르기를 바라기보단 일단 첫술을 뜨고 다음 술을 차곡차곡 뜨면 된다.

아이가 외국인에게 인사를 하고 말을 건넬 때 반드시 보호자가 함께해야 한다. 이때 부모가 쑥스러워 하며 뒤로 숨는다면 오히려 역효과이다. 부모가 먼저 당당하고 자연스럽게 외국인에게 인사를 건네고, 아이를 리드해주어야 한다. 이때 아이와 함께 인사말과 간단한 자기소개, 그리고 외국인에게 묻고 싶은 말을 정리해서 미리 연습을 해두면 훨씬 효과적이다. 그리고 외국인이 아이에게 질문할 말들을 예상하여 답을 연습해서 가면 대화가 더 길게 이어질 수 있다.

혹시나 외국인들이 불쾌해하거나 말을 잘 받아주지 않을 것이 염려가 된다면 외국인에게 예쁜 꽃 한 송이를 건네며 인사해보는 것도 좋다. 귀여운 아이가 예쁜 꽃을 건네며 영어로 인사를 하는데 싫어할 외국인은 별로 없다.

이태원처럼 외국인이 많은 거리나 지역 외에도 영국문화원, 미국문화원과 같은 외국문화원에 가는 것도 외국어뿐만 아니라 외국의 문화를 이해하는 데에 큰 도움이 된다. 문화원에서 제공하는 다양한 행사나 프로그램 참여는 물론이고 도서관에 들러 아이가 직접 책을 골라서 읽어보는 등의 경험을 통해 아이는 외국이 멀고 낯선 나라가 아닌 우리의 가까이에서 함께 살아가는 이웃이며 친구라는 것을 느끼게 된다.

칭찬은 영어도 춤추게 한다

대부분 영유가 그렇듯이 우리 영유도 수업 시간에 선생님은 물론이고 아이들도 모두 영어를 사용하도록 돼 있다. 만 3세에 입학해 모국어와 함께 영어를 익혀가는 아이들은 별다른 어려움 없이 잘 따라가지만, 초등학교 입학을 앞둔 만 5세가 되어 급하게 입학한 아이들은 난감해 하는 경우가 많다.

나는 이 아이들을 위해 유치원에서 사용하는 일반적인 생활영어들을 정리해서 모든 아이가 이것을 익힐 수 있는 'Best Speaker'라는 프로그램을 만들었다. "May I go to the bathroom?", "May I drink some water?", "I need your help." 등 매달 10개씩 유치원에서 자주 활용하는 문장들을 만들어, 이것만큼은 반드시 영어로 사용하자고 약속했다.

놀랍게도 기존의 아이들은 물론이고 신입생들 역시 한 달이 지나면 약속한 10문장 모두를 일상의 언어로 자연스럽게 활용할 만큼 완벽하게 습득한다. 이에 힘입어 나는 가정에서 활용할 수 있는 문장들도 만들어서 학부모님들께 "아이가 집에서 이 문장 표현들을 적극적으로 활용할 수 있게끔 이끌어 달라." 하고 도움을 청했다. 이렇게 유치원과 가정이 힘을 합쳐서 매달 10문장씩을 늘여가니 아이들이 능숙하게 활용하는 영어가 점점 더 많아졌다.

나는 아이들이 이토록 잘 따라오는 것은 프로그램의 우수성보다는 그것을 활용하는 방법에 있다고 확신한다. 선생님들은 아이들이 떼는 한 걸음 한 걸음에 칭찬과 격려로 응원의 힘을 보태어준다. 10문장 중 한 문장이라도 아이가 입을 떼고 시도한다면 "옳지, 잘한다. 넌 할 수 있어. 조금만 더 힘을 내보자." 하고 격려하고, 아이가 그것을 해냈을 때 "우와, 정말 잘했어! 선생님은 네가 해낼 거라 믿었어.

노력해줘서 너무 고마워!"라며 폭풍 칭찬을 아끼지 않았다.

칭찬은 아이들의 마음을 춤추게 했고, 덩달아 영어 실력까지 껑충 뛰어오르게 해줬다. 한 걸음 떼기를 두려워하고 머뭇거리던 아이들도 어느새 성큼성큼 용기 있는 걸음을 내딛기 시작했고, 다른 친구들과 속도를 맞춰가며 결국은 정해진 한 달 안에 모두가 결승점 안으로 들어왔다.

엄마표 영어에서도 칭찬과 격려를 적극적으로 활용해야 한다. 아이의 작은 노력과 미미한 성취에도 "우리 딸이 이렇게나 노력을 했어? 너무 멋진데? 역시 엄마 딸이야!"라고 칭찬하는 것을 잊어서는 안 된다. 그리고 아이가 수줍어하거나 두려워할 때는 진심어린 격려로 아이의 용기를 북돋아주어야 한다.

칭찬할 때도 엄마는 영어 표현을 써주면 좋다. 이때 "Great!", "Excellent!", "Good job!", "Fantastic!"과 같은 기본적인 칭찬 표현 외에도 "Thank you for your help.", "How smart!", "What a great idea!", "I'm so proud of you!"와 같은 좀 더 구체적인 칭찬의 표현을 활용해도 좋다. 정확한 의미는 알지 못하더라도 엄마의 표정과 말투만으로도 아이는 그것이 자신을 향한 폭풍 칭찬임을 충분히 안다.

아이존중 Tip

술술 나오는
생활영어 20선

0 ~ 만 3세	만 4 ~ 5세
· Good night.	· Can you help me?
· I'm thirsty.	· Where is my bag?
· I'm hungry.	· May I watch TV?
· I'm sleepy.	· I want to eat curry.
· I like it.	· See you later.
· I don't like it.	· I want to wear this one.
· you're welcome.	· What time do we have dinner?
· Can you help me?	· What time will you come?
· I love you.	· What are we going to do this weekend?
· See you later.	· Can I carry this toy to grandmother's house?
· Good morning.	· May I go to the bathroom?
· Good bye.	· May I drink some water?
· Thank you.	· I need scissors. Give me scissors, please.
· Stand up. / Sit down.	· I want to eat more _____ .
· I'm done.	· What's the weather like?
· I like to sleep more.	· Would you like to eat cookie?
· I want to go to the bathroom.	· Can we play more?
· I want to drink water.	· I need your help.
· Let's clean up.	· Say once more please.
· Sweet dreams.	· Let's go to the playground, after having lunch.

237

PART 06

존중 육아로
문제 행동
교정하기

내가 최고야 VS
나도 최고야

Respectful Child Care

"으앙!"

"왜 그래? 누가 우리 공주를 울렸어?"

엄마들은 아이가 느닷없이 울음을 터뜨리면 즉각적으로 아이에 대한 보호 본능이 발동된다.

"이거, 이거!"

"의자가 그랬어? 의자가 우리 딸을 울린 거구나!"

"응."

"이런 나쁜 의자를 봤나! 너 왜 우리 딸을 괴롭혀? 때찌, 때찌!"

대강의 상황 파악이 끝나면 엄마는 아이를 대신해 응징에 들어간다. 그것이 의자이든 식탁이든 일단은 무조건 혼을 내고 본다. 그래야지만 아이가 화를 가라앉히고 울음도 그친다는 것을 알기 때문이다. 아이를 사랑하는 부모의 마음에서 나온 행동이지만, 진정 아이를 사랑한다면 무조건 네 잘못은 없다며 달래주는 것보다 아이가 실수한 점을 잘 가르쳐주는 것이 더 나을 수 있다. 원인과 결과를 헤아리는 이성적인 판단 없이 아이만 감싼다면 아이는 '무조건 내가 최고야!', '무조건 내가 옳아!'라는 착각에 빠질 수도 있기 때문이다. 그리고 자신의 몸을 어떻게 보호해야 하는지도 더디게 배운다.

무관심만큼 나쁜 우쭈쭈

내 아이가 타인의 이야기에 무조건 귀를 막고, 실수나 실패의 원인을 타인에게만 돌리고, 자신이 틀렸다는 것을 절대 인정하지 않는 대책 없는 독선가가 되기를 바라는 부모는 아무도 없을 테다.

의자를 혼내는 것을 그렇게까지 확대해서 해석할 필요가 있을까 싶겠지만, 만약 위의 상황에서 아이가 걸려 넘어진 것이 의자가 아닌 친구였더라면 어땠을까? 유치원에서 놀다가 친구가 그 자리에 있는 줄 모르고 걸려서 넘어졌다면 그때도 아이의 편을 들 것인가? 앞뒤 상황을 살피지 않고 무조건 내 아이를 위하는 '우쭈쭈'는 아이의 기분을 좋게 해주려고 사탕과 초콜릿을 계속 물려주는 것과 다를 바 없다.

어릴 때부터 아이의 실수나 잘못에 대해 분명하게 짚어주고, 아이가 잘 이해하지 못한다면 자상하게 설명해 줘야 한다. 위의 의자 사례에서도 "이런, 많이 아팠겠구나. 엄마도 너처럼 아이였을 때는 의자에 걸려서 넘어지곤 했어. 엄마도 너무 아파서 엉엉 울었단다." 하고 일단 아이의 아픔에 공감해준 뒤에 "그런데 의자는 늘 같은 자리에 있으니까 다음부터는 조금 더 주의해서 다니도록 하자. 안 그러면 오늘처럼 또 걸려 넘어져서 네가 아플지 모르니까." 하고 원인은 의자가 아닌 아이의 조심성 없는 행동 때문이었음을 설명해줘야 한다. 그래야지만 아이가 다음번에 같은 실수를 하지 않으려고 노력한다. 그리고 무엇보다 자신의 실수나 잘못에 대해 남의 탓으로 돌리며 회피하는 일이 생기지 않는다.

아이가 어린이집이나 유치원에 다니기 시작하면 사소한 일로 친구와 다투는 일도 생기기 마련이다. 이때에도 대부분 아이는 싸움의 원인을 일방적으로 친구의 잘못으로 돌리는 경우가 많다. 이것은 아이 개인의 특성이라기보다는 자기중심적인 경향이 강한 이 시기 아이들의 전반적인 특징이다.

그래서 부모가 아이의 말을 듣고 감정을 토닥여줄 마음에 무조건 '친구가 나빴구나', '친구가 잘못했구나.' 하는 식으로 말해서는 안 된다. 부모는 최대한 중립적인 입장에서 상황을 파악하여 아이의 잘못에 대해서도 일깨워주고, 현재 친구의 마음도 편치 않다는 것을 이해시킬 필요가 있다.

이때 손가락 인형이나 장갑 인형 등을 활용하여 역할극을 하면 아이가 상황을 좀 더 객관적으로 받아들이고 상대의 마음에 대해서도 어느 정도 이해할 수 있게 된다. 역할극에서는 엄마(아빠)가 아이의 역할을 하고, 아이가 친구의 역할을 대신하면서 각자의 마음을 이야기해보도록 한다.

"나 지금 엄청나게 화났어! 너 왜 내 공책을 찢었어? 나한테 얼른 사과해!"

엄마는 아이의 화난 감정을 실감 나게 표현하되, 무엇 때문에 화가 난 것인지 분명하게 이유를 짚어주어야 한다.

"미안해. 네 공책을 찢은 거 잘못했어."

"그래, 앞으로 너 친구 공책 찢지 마. 한 번만 더 그러면 난 다시는 너랑 안 놀 거야."

"알았어, 근데 너도……."

이쯤 되면 아이는 친구의 역할에 어느 정도 감정이 이입돼 뭔가를 더 말하고 싶어 한다. 친구가 그런 행동을 한 원인을 짐작할 수 있으면 그걸 말하기도 한다.

엄마 : 나도 뭐?

아이 : 아니, 그냥…….

엄마 : 말해봐. 뭐 할 말이 있는 표정인데?

아이 : 나도 화났어! 나도 너 때문에 화났다고!

엄마 : 왜? 네가 나 때문에 화가 날 게 뭐가 있어? 네가 다 잘못했
　　　잖아!

아이 : 너도 잘못했잖아! 네가 먼저 내 크레파스 가져가서 부러뜨
　　　렸잖아. 물론 실수로 그랬긴 하지만.

엄마 : 아, 그거……. 미안해. 그것 때문에 네가 아주 속상했구나.
　　　일부러 그런 건 아니었지만 그래도 조심해서 사용하지 않은
　　　건 내 잘못이니 정말 미안해.

아이 : 그래, 다음부터는 남의 것을 빌려서 쓸 땐 좀 조심해서 써
　　　줘. 보라색 크레파스는 내가 무척 아끼는 거란 말이야. 너라
　　　서 특별히 빌려준 건데…….

엄마 : 그렇구나. 정말 미안해. 네가 아끼는 것을 나한테 특별히 빌
　　　려준 거였는데 내가 더 조심했어야 했어. 다음부턴 꼭 조심
　　　해서 쓸게. 그러니까 우리 그만 화해하자. 응?

아이 : 그래. 나도 네 공책을 찢은 거 정말 미안해.

역할극을 통해 엄마는 다툼의 내막에 대해 좀 더 정확하게 알게
되었고, 아이는 자신이 친구에게 먼저 실수를 한 것이 다툼의 원인이
되었다는 것을 스스로 인지하게 되었다. 그리고 친구도 자신만큼이

나 마음이 많이 상했다는 것을 이해하게 됐다. 이 정도로도 역할극의 효과는 충분하니 서로 사과하고 훈훈하게 마무리한 후, 현실로 돌아와 아이와 차분히 대화를 나누면 된다.

"그랬구나. 우리 아들이 친구 크레파스를 실수로 부러뜨렸구나. 그래서 친구가 화가 나서 네 공책을 찢었던 거네. 우리 아들만큼이나 친구도 많이 속상했을 거야."

"그럴 것 같아요. 나한테만 특별히 빌려준 거였는데 내가 조심을 안 했어요."

"아끼던 크레파스가 부러진 것도 속상하지만 네가 실수로 그런 건데 화를 못 참고 네 공책을 찢은 거에 대해서 지금쯤 친구도 많이 후회하고 있을 거야. 그러니까 내일 친구를 만나면 우리 아들이 먼저 인사하고 사이좋게 놀아줘야 해."

"네!"

이렇듯 아이의 마음을 잘 토닥여줌과 동시에 친구의 입장도 충분히 이해시켜 주면 이후 타인과의 말썽이 생겼을 때도 아이는 자신을 먼저 되돌아보고 상대의 입장도 이해하는 성숙한 품성의 사람으로 성장하게 된다.

배려와 양보의 기쁨을 배운다는 것

"아빠, 아빠는 내가 최고라고 했죠?"

방에서 친구와 놀던 혜주가 갑자기 아빠에게 달려와 자신이 최고

인지를 물었다.

"그렇지! 아빠가 우리 딸이 최고라고 했지!"

아빠는 늘 그렇듯이 혜주가 최고라며 엄지까지 척 들어주었다.

"그것 봐, 우리 아빠는 내가 최고라잖아! 그러니까 내가 최고야!"

"아니야! 우리 엄마는 내가 최고라고 했어! 그러니까 내가 진짜 최고야!"

"아니야, 내가 진짜 최고야!"

울상이 된 두 아이의 얼굴을 보며 아빠는 아차 싶었다. 아이의 자존감을 살려주고 자신감을 키워주려 늘 "네가 최고야!"라고 칭찬해 주었다. 그런데 아이와 친구의 대화를 들으니 이제는 "네가 최고이듯이 친구도 최고야. 우리는 모두 다 소중하고 귀한 사람이야."라는 더 깊은 가르침을 전할 필요가 있음을 느꼈다.

"공주야, 여기를 봐야지."

"왕자님, 이리로 오세요."

요즘은 다들 자녀를 한둘만 낳다 보니 모든 아이가 제집에서만큼은 '왕자'이고 '공주'이다. 나 역시 딸을 키우고 손녀들을 키우며 마음만은 그랬던 터라 충분히 공감한다. 그런데 내 아이에 대한 사랑이 넘친 나머지 늘 "네가 최고야!"라고 말한다면, 아이에게 자칫 '나는 최고이고, 다른 친구들은 모두 나보다 못한 사람이다.'라고 생각할 수 있다.

아이의 자존감을 살려주기 위한 부모의 마음은 충분히 이해하지만 기왕이면 "네가 최고야!"가 아닌 "너도 최고야!"라고 말해주자. 내 아이가 엄마와 아빠에게 최고로 소중한 보물이듯이 아이의 친구들도 그 부모님들께 최고로 귀한 보물임을 가르쳐주어야 한다. 그래야지만 나를 존중하는 마음만큼 타인도 존중할 줄 안다.

대화가 가능한 유아기라도 말로만 듣고 깨우치는 것과 실제 일상에서 녹아나는 부모의 실천을 보며 깨우치는 것은 차이가 있다. 그래서 부모는 모범적인 태도와 실천을 통해 아이의 행동을 이끌어주어야 한다.

언젠가 새로 입학한 아이가 유치원에 와서 사뿐사뿐 걸어 다니는 것을 보고는 너무 예쁘고 대견해서 슬쩍 그 이유를 물었다.

"아래층에 있는 사람들이 시끄러울 것 같아서요."

아이는 집에서도 뛰지 않고 조용하게 걸어 다닌다고 했다. 불편하지 않으냐고 물으니 "불편하지만 제가 뛰면 다른 사람도 불편하잖아요."라고 대답했다. 그 아이의 부모님이 평소에 어떤 태도로 타인을 대하는지는 직접 보지 않아도 충분히 짐작되었다.

부모가 집 안에서 쿵쾅거리며 제 멋대로 다니는 아이에게 "뛰지 마. 아랫집에서 싫어하잖아!"라고 소리쳐본들 그것이 먹힐 리가 없다. 아이가 집 안에서 뛰지 않게 하려면 먼저 엄마와 아빠가 집 안에서 조용조용 걷는 모습을 보여야 한다. 그리고 밤에는 세탁기나 청소기를 사용하지 않는 모습을 보여야 한다. 그런 모범적인 행동과 함께 아이에게 "우리 아파트에는 우리 가족만 사는 게 아니야. 윗집, 앞집, 아랫집에도 다 우리처럼 엄마, 아빠, 아이가 살아. 우리도 다른 집에서 밤늦게 시끄럽게 하면 짜증이 나고 화가 나듯이 그분들도 그럴 거야. 그러니까 우리도 늦은 시각에는 조용히 해야 해."라고 말해준다면 아이는 그것이 무슨 의미인지를 충분히 깨닫고 실천할 수 있다.

이처럼 다른 사람과 더불어 살아가는 공동체에서 기본적으로 지켜야 할 규율과 도덕을 생활 속에서 꾸준히 실천하다 보면 아이는 부모의 모습을 통해 저절로 깨우치고 따라 하고, 제 삶에 녹여내게 된다. 생활 속에서 실천할 수 있는 다양한 배려와 양보도 마찬가지다. 지하철이나 버스 등의 대중교통을 이용할 때에 임산부나 아이, 노약자가 먼저 탈 수 있도록 배려하고, 좁은 길을 지날 때도 상대가 먼저 지나갈 수 있도록 기다려주는 배려는 말보다는 행동으로 가르치는 것이 훨씬 더 잘 와 닿는다.

"할머니, 제가 좀 도와드릴까요?"

"아이고, 정말 고맙구나!"

낯선 할머니의 무거운 짐을 나눠 드는 엄마의 모습, 그리고 엄마에게 고마워하는 할머니의 환한 미소를 보며 아이는 누군가에게 작은 도움을 주는 배려가 서로를 행복하게 하는 일이란 것을 느낀다.

배려, 양보, 친절 등 더불어 사는 세상의 아름다운 미덕은 하루아침에 생겨나는 주입식 지식이 아니다. 영유아기 때부터 습관처럼 몸에 배어야 일생을 삶의 철학으로 실천해나갈 수 있다. 가까이에서 지켜본 부모의 모든 행동은 아이에게 가장 강력한 가르침이 되니 꾸준한 실천으로 모범을 보여야 한다.

"동생에게 양보해야지."

"왜?"

"넌 형이잖아. 동생은 어리니까 형인 네가 양보를 하는 거야."

이처럼 아이가 이해하지 못한 상태에서 양보와 배려를 강요하는 것은 바람직하지 못하다. 그러니 평소에 부모의 모범적인 태도, 동화책이나 영상물, 이야기 등을 통해 양보와 배려가 소중한 가치임을 먼저 일깨워주는 것이 중요하다. 일상 속에서 부모가 타인을 배려하고 양보하는 모습을 본 아이들은 스스로 실천할 수 있는 배려와 양보의 행위를 찾아서 실천할 것이다.

아이가 양보와 배려의 가치에 대해 깨닫고 조금씩 실천하는 모습이 보이면 생활 속에서 할 수 있는 다양한 배려와 양보에 대해 가르치는 것도 좋다. 버스와 지하철 등을 탈 때 노약자석, 임산부석에 담긴 배려의 의미를 설명해주고, 유치원 등 여러 사람이 함께 활동하는 공간에서 물품을 사용한 뒤에 제자리에 두는 것 또한 타인을 위한 배려임을 가르쳐준다. 또 화장실에서 용변을 본 후 물을 내리는 것, 기침이나 재채기를 할 때 손수건이나 휴지, 옷 등으로 입을 가리는 이유에 관해서도 설명해준다.

일상에서 실천할 수 있는 양보와 배려에 대해 평소에 대화하여 충분히 공감하게 했다면, 실제로 그 상황이 되었을 때 아이의 행동을 이끌기가 쉽다.

아이의 감정 보자기를
묶지 않기

Respectful Child Care

딸아이를 낳고 얼마 되지 않아 나는 아이에게 소리를 쳤던 적이 있다. 기저귀가 젖어도 울고 배가 고파도 우는 아이의 울음소리가 듣기 싫어서 "그만 울어!"라고 말한 것이다.

"네가 그렇게 큰 소리로 울지 않아도 엄마는 네가 배가 고픈지 기저귀가 젖은 것인지 다 알아. 그러니까 그만 좀 울어. 만약 엄마가 눈치를 못 채면 그땐 울더라도 작은 소리로 조금만 울어. 알겠지?"

지금 다시 생각해도 얼굴이 화끈거릴 정도로 부끄러운 기억이다. 산후조리하며 아기를 돌보는 고달픔으로 나온 외침 같은 소리였지만, 우는 것 말고는 제 마음을 알릴 방법이 없는 아이에게 "네 감정을 내게 표현하지 마!"라고 말하는 것과 다를 바 없었다. 훗날 이것을 깨우친 나는 아이에게 정식으로 사과를 했다. 네 마음과 감정을 표현하지 못하게 해서 미안했다고.

아이들은 자라면서 감정 표현이 더욱 섬세해지고 다양해진다. 기쁘고 신나고 기대되고 슬프고 화가 나고 불안하기도 하다. 그래서 웃고 울고 소리 지르고 화를 내며 자신의 감정을 표출한다. 그런데 "웃지 마.", "그만 울어."라고 말하며 이러한 감정의 표출을 막는 것은 "너의 감정을 네 안에만 담아두고 네가 알아서 처리해, 나는 알고 싶지 않아."라고 말하는 것과 다를 바 없다.

실컷 울고, 실컷 화내게 하기

"무슨 그깟 일로 울어? 세상에 울 일이 그렇게 없니? 그만 뚝 하지 못해!"

"그래, 운다고 이미 무너진 블록이 다시 되돌려지는 것도 아니잖아. 그러니까 그만 울고 우리 치킨이나 시켜 먹자. 어때?"

열심히 쌓아 올리던 블록이 와르르 무너지자 나라를 잃은 듯이 서럽게 울어대는 아이에게 아빠는 울음을 그치라고 했고, 엄마는 치킨을 시켜먹자며 아이의 관심을 딴 데로 돌리려 했다.

"싫어! 싫단 말이야. 엄마 아빠 미워!"

평소에 그렇게 좋아하던 치킨이지만, 어쩐 이유에선지 아이는 더 큰 소리로 울어댔다. 기껏 쌓아올린 블록이 무너진 데 대해 속상한 마음과 제 마음을 알아주지 않는 부모에 대한 서운함이 보태어지니 저도 모르게 울음소리가 커지는 것이다.

아이가 울면 울음을 멈추게 하는 것에 집중할 것이 아니라 아이의 마음을 위로해주는 것에 집중해야 한다. 아이의 속상하고 슬픈 마음을 존중하고 이해하고 공감해주어야 한다. 그리고 아이가 그 마음을 건강하게 이겨낼 수 있도록 도와주어야 한다. 그러면 아이의 울음은 저절로 그친다. 하지만 대부분 엄마들은 울음을 멈추는 것에만 집중하다 보니 억압하거나 회피하게 된다. 이럴 경우, 어떻게든 울음은 그치겠지만 속상하고 슬픈 마음은 건강하게 정화되지 못하고 아이 안에 남아 차곡차곡 쌓인다.

임상심리학자이자 어린이 심리치료사인 하임 G. 기너트^{Haim G. Ginott} 박사는 수많은 연구와 임상시험을 통해 '아이의 감정을 받아주면 행동을 효과적으로 수정할 수 있다.'라는 것을 밝혀냈다. 이후 가족치료 전문가이자 저명한 심리학자인 존 가트맨^{John Gottman} 박사는 기너트 박사의 이러한 연구들을 정리하여 아이의 감정에 반응하는 부모 유형을 크게 4가지로 정의했다. 축소전환형^{Dismissing} 부모, 억압형^{Disapproving} 부모, 방임형^{Laissez-fare} 부모, 감정코칭형^{Emotion Coaching} 부모가 바로 그것이다.

앞선 예시에서 울음을 그치라고 한 아빠는 억압형 부모, 치킨이나 시켜 먹자며 아이의 관심을 딴 데로 돌리려던 엄마는 축소전환형 부모에 해당한다. 억압형이나 축소전환형 부모 아래서 자신의 감정을 존중받지 못하고 성장한 아이들은 자신의 감정에 대한 신뢰가 떨어지고, 매사에 자신감이 없으며 감정조절도 잘 안 된다. 게다가 다른 이의 감정도 공감하기가 쉽지 않아서 타인과의 관계에 어려움을 겪는 일이 많다.

방임형 부모는 "그래, 네가 많이 속상하구나."라며 아이의 감정을 공감하고 받아주기는 하지만, 이후 그것을 어떻게 이겨내야 하는지를 함께 찾아주지는 않는다. 이는 "울어, 실컷 울어. 네 속상함이 풀릴 때까지 울든지 던지든지 네 마음대로 해."라고 말하는 것과 같다. 그래서 이런 부모 아래서 자란 아이는 자기조절능력이 낮고 사회성도 떨어진다.

아이의 감정에 가장 이상적으로 대처하는 부모는 감정코칭형 부모인데, 열심히 쌓은 블록이 무너진 것에 대해 속상해하는 아이의 마음을 들어주고 공감해주며 건강하게 감정을 표출하도록 도와준다. 그리고 "그런데 블록은 이미 무너져버렸으니 다시 이전으로 돌아갈 순 없어. 너는 너의 속상한 마음을 어떻게 해결하고 싶니?"라며 이후의 행동 방향에 대해 아이와 함께 찾아가는 것이다.

"다시 쌓고 싶어요. 엄마가 좀 도와주세요."

"엄마가 도와주면 블록을 잘 쌓을 수 있을 거로 생각하는구나."

"네, 그럴 것 같아요."

"그래, 그럼 엄마랑 같이 블록을 쌓아보자. 엄마가 옆에서 열심히 도와줄게."

이처럼 감정코칭형 부모는 아이가 자신의 감정을 충분히 표출하도록 돕고, 이후 감정을 잘 정리하고 긍정적인 방향으로 다시 한 걸음을 내딛는 것까지 이끌어준다. 이런 부모에게서 자란 아이들은 자신의 감정은 물론이고 타인의 감정 또한 존중하고 공감할 줄 알며 서로의 의견이나 감정이 충돌해도 그것을 잘 절충하여 최선의 대안을 찾는 것에도 능숙한 성인으로 성장하게 된다.

〈아이를 위한 건강한 감정 코칭〉

하나, 아이의 감정에 공감하고 충분히 표출하도록 기다려주자.

둘, 아이가 자신의 감정을 잘 정리하고 긍정적인 방향으로 전환할 수 있도록 함께 이끌어주자.

가정은 사회의 가장 작은 축소판이다. 그리고 아이와 부모의 관계는 아이가 이후 사회에서 만나는 타인과의 관계 맺음에 있어 기본적인 모델이 된다. 그래서 부모가 아이의 감정을 존중해주고 교감하고 교류해주는 것은 이후 아이가 사회에 나가 다른 사람들의 감정을 존중하고 교감하며 원활하게 교류할 수 있는 능력을 갖추는 데에 가장 큰 뿌리가 된다.

네 마음을 들려주겠니?

35년간 유아들과 함께하다 보니 다양한 성향의 아이들을 만날 기회가 많았다. 모든 아이가 귀하고 사랑스럽지만, 그중에서 유독 마음이 쓰이는 아이들은 공격적이고 폭력적인 성향을 보이는 아이들이다. 화가 나거나 싫어도, 불편하거나 귀찮아도, 심지어 좋거나 기뻐도 공격적이고 폭력적인 행동을 한다. 우당탕탕 물건을 흔들거나 집어던지고 친구를 때리는 모든 거친 행동이 이 아이들이 제 마음을 표현하는 방식이다.

아이들의 이러한 성향은 타고났다기보다는 부모의 양육 태도와 관련이 깊다. 전문가의 의견에 따르면, 부모가 지나치게 권위적이고 강압적인 태도로 양육을 할 때 아이는 부모의 통제에서 벗어난 공간에만 오면 저도 모르게 공격적이고 폭력적인 태도를 표출한다고 한다. 제 마음을 강제로 억누르며 생긴 스트레스가 일순간에 공격적이고 폭력적인 행동으로 튀어나와 버리는 것이다. 이 외에도 부모가 지나치게 오냐오냐하면서 뭐든 제 마음대로 하도록 내버려 두고 키운 아이 역시 자신의 충동을 억제하는 능력이 없어 폭력적인 행동을 한다고 한다.

공격적이고 폭력적인 성향을 가진 아이들의 행동 교정을 위해서는 부모의 양육 태도를 바꾸어야 한다. 아이를 나와 같은 온전한 인격체로 받아들이며, 내가 바라는 이상형의 아이가 아닌 지금의 그 모습 그대로를 존중하고 사랑해주어야 한다. 그리고 이러한 노력과 더불어 아이의 닫힌 마음을 열기 위해 계속 진심을 보여주며 다가가야 한다.

마음을 표현하는 것이 서툰 아이들에게는 무조건 아이의 감정을 존중하고 공감을 표현해주는 것이 우선이다. 공감을 하지 않은 채 "왜 그래? 너 도대체 뭐가 불만이기에 물건을 집어던져?" 하며 그 이유부터 알아내려해서는 안 된다. 그러면 아이는 이 또한 자신을 향한 비난과 공격으로 받아들여 거부해 버린다.

"화가 많이 났구나. 우리 아들이 왜 이렇게 화가 났는지를 알면 엄마가 도와줄 수 있을 텐데. 왜 화가 났는지 말해줄 수 있을까?"

아이의 감정에 공감을 표현하고 그 이유를 물었다면, 아이의 대답을 닦달하지 말고 무조건 기다려주어야 한다.

"친구가 짜증 나게 하잖아요!"

"친구가 우리 아들을 짜증 나게 해서 화가 많이 난 거구나. 그런데 친구가 우리 아들에게 어떻게 했기에 이렇게나 짜증이 나고 화가 났을까?"

이와 같은 식으로 매번 아이의 감정에 공감을 먼저 표현해주면서 다음 이야기를 이어가야 한다. 그러면 아이는 이러저러한 이유로 짜증이 났다고 이야기해준다.

"그랬구나. 엄마라도 그럴 때는 짜증이 많이 났을 것 같아. 그런데 짜증이 나고 화가 난다고 물건을 집어 던지는 행동은 옳지 못한 행동이야. 누군가 그 물건에 맞아서 다칠 수도 있고, 그러면 네 마음도 아플 거잖아. 그러니 그냥 친구에게 '너의 그런 행동 때문에 내가 짜증이 났어. 그러니까 앞으로는 그런 행동은 하지 않았으면 좋겠어.'라고 네 마음을 솔직하게 말하는 게 더 낫지 않을까? 네 생각은 어때?"

아이의 설명을 다 듣고 나면, 폭력은 옳지 못한 행동이라는 설명과 함께 감정을 좀 더 건강하게 표현하는 방법에 대해 엄마의 의견을 들려주어야 한다. 그래야지만 아이는 앞으로 자신이 어떻게 감정을 표현해야 하는지에 대해 안내를 받을 수 있다.

앞서 소개한 기너트 박사의 조언처럼 아이의 감정을 존중해주고 공감해주면 행동 교정은 어렵지 않게 이끌어낼 수 있다. 그러니 제 감정을 드러내는 것을 어려워하며 문제 행동을 하는 아이들은 우선 그 감정부터 토닥여주며 스스로 자신의 마음을 표현하도록 유도해주고, 그것을 더 건강하게 표현할 방법을 안내해 주어야 한다.

세상에
'나쁜 아이'는
없다

"희준아, 수업 시간에 그렇게 왔다 갔다 하면 안 돼요. 자기 자리에 앉아서 선생님 이야기를 잘 들어야죠."

30여 년 전 유치원에서 아이들을 가르칠 때의 일이다. 당시 나는 운영하던 유치원을 정리하고 평교사로 새롭게 일을 시작했다. 나는 만 4세 반의 담임을 맡게 됐는데, 그곳에서 만난 희준이는 무척이나 특이한 행동을 하는 아이였다.

희준이는 친구들과 잘 어울리지도 않고 선생님들과 말도 거의 나누지 않았다. 수업에도 별다른 관심을 보이지 않고, 교실을 어슬렁거리고 다니며 혼자 이것저것을 살피곤 했다. 심지어는 수업 시간에 교실을 기어 다니거나 엉덩이로 바닥을 쓸고 다니기까지 했다.

"그 반에 희준이라고 말썽꾸러기 애 한 명 있죠? 내가 작년에 그 애 담임이었는데, 얼마나 골치가 아팠는지! 말귀도 잘 못 알아듣는 것 같고, 집중력도 없어서 산만하기 그지없어요."

이전 해에 희준이를 맡았던 선생님은 아이에 대한 이런저런 이야기를 들려주었는데, 나는 선입견을 품는 것은 옳지 못한 것 같아 '신경 써서 더 잘 살피겠다.' 하고는 그냥 웃었다.

당시 유치원에서 대부분 선생님이 희준이를 '문제 아이'로 여겼는데, 내 생각은 좀 달랐다. 유아를 가르친 지 몇 년 되지 않았던 때라 내세울 만한 경험적인 근거는 없었지만, 왠지 아이들은 어른들이 미치 알지 못하는 다른 세상이 있을 듯만 싶었다. 아이들의 세상에 대한 존중 없이 어른들이 그들만의 잣대로 평가하니 '나쁜 아이', '문제 아이'가 만들어지는 것이 아닌가 하는 생각이 든 것이다.

수업에 집중하지 못하고 산만하고 엉뚱한 행동을 자주 하긴 했지만 다행히 아이는 큰 소리로 떠들거나 친구를 괴롭히는 등의 거친 행동은 전혀 하지 않았다. 나는 그것이 아이의 행동을 올바르게 이끌 수 있는 희망처럼 여겨졌다. 그래서 학부모 상담을 통해 아이에 대해 좀 더 자세히 알아보기로 했다.

문제 행동은 이유에 주목하기

아직 그 무엇도 완성되지 않은 영유아들에게 나쁜 아이, 문제 아이라는 고정된 틀을 씌우는 것은 정말 위험한 일이다. 비록 겉으로 드러난 아이의 행동에 문제가 있을지라도 분명 그 원인을 찾아 분석해 보면 모두가 고개를 끄덕일만한 외부적인 요인이 있기 마련이다. 그리고 외부적인 요인의 대부분은 부모의 양육태도나 아이와의 관계, 그 외의 환경적인 요소에서 찾을 수 있다.

나는 엄마와의 상담을 통해 예상치도 못한 놀랄 만한 사실을 알게 되었다. 아이는 이미 너무 많은 것을 알고 있었기에 유치원에서의 수업이 시시하기 그지없었던 것이다. 이미 다 알고 있는 내용을 길고 장황하게 설명하니 지루하고 집중이 되지 않아 이리저리 움직이며 혼자만의 놀이를 즐겼다.

희준이는 책 읽기를 무척 좋아해서 하루 5~6시간씩 엄마에게 책을 읽어달라고 했다고 한다. 그리고 어느 순간부터는 저절로 한글을 깨우치더니 혼자 책을 읽기 시작했단다. 집에 있는 책은 물론이고 도서관의 어린이 코너에 있는 책도 몇 번씩이나 읽어서 더는 읽을 책이 없을 정도였다. 만 3세가 되어서는 아예 주말에 서점으로 나들이를 가는데, 그곳에서도 한자리에 앉아 두세 시간씩 책을 읽고, 여러 번 반복해서 읽고 싶은 책은 사와서 집에서 다시 읽었다.

희준이는 다른 선생님들이 생각하듯이 말귀를 못 알아듣거나 문제가 있는 아이가 아니라 너무 특별하고 뛰어난 아이였다. 자신의 수준에 맞지 않는 교육을 하니 흥미가 생기지 않아 계속 엉뚱한 행동을 해왔던 것이었다. 요즘 같으면 영재 테스트를 통해 전문 기관에서 자신의 수준에 맞는 교육을 받을 수 있었을 텐데, 당시는 그런 사회적인 인식이나 뒷받침이 많이 부족했던 때라 아이에게 책을 통해 호기심을 채우게 해주는 것이 전부였다.

희준이 엄마와의 상담 이후, 나는 아이가 수업에 흥미를 가질 수 있게 하기 위해 질문을 많이 했다. 특히, 희준이만 대답할 수 있을 정도의 제법 난이도 있는 질문을 종종 던졌다. 물론 그렇다고 해서 처음부터 희준이가 손을 번쩍 들어 대답을 하지는 않았다. 교실을 기어다니다 말고 아이가 내 말에 귀를 쫑긋 세우고 있으면, 나는 그 타이밍을 놓치지 않고 아이의 참여를 유도했다.

"선생님 생각에는 우리 희준이가 답을 알고 있을 것 같은데, 어때? 희준아, 혹시 답을 알면 친구들한테 좀 가르쳐줄래?"

"희준아, 선생님 혼자서는 친구들을 도와주는 게 너무 힘든데 우리 희준이가 선생님이랑 함께 친구들 좀 도와주면 어떨까?"

아이들은 평소 자신들과 잘 어울리지 않던 희준이가 수업 시간에 똑똑하게 대답도 잘하고 생글생글 웃으며 자신들의 과제에 도움도 주니 신기해하며 서로 도와달라고 부탁을 했다. 그렇게 희준이는 한 걸음씩 천천히 친구들 속으로 들어갔고, 언제부턴가 또래 아이들과 잘 어울리고 수업 시간에도 집중하는 모습을 보였다.

이렇듯 아이의 행동이 이상해 보이더라도 아이 입장에서 분명한 원인이 있을 때가 있다. 그 이유를 찾아 근원적인 해결을 도와주면 아이의 행동은 충분히 개선될 수 있다.

부모 아닌 아이 기준으로 생각하기

민준 아빠는 아내가 출장을 떠난 사이 만 3세인 아들과 주말을 보냈다. 그는 아들과 즐거운 추억을 쌓고 싶은 마음에 고속도로를 달려 경주로 향했다. 훌륭한 문화 유적도 보여주고 맛있는 음식도 먹게 해주고 싶은 마음이었다.

"아빠, 너무 힘들어요. 배도 고파요."

아빠 손을 잡고 이곳저곳을 돌아다니던 민준이는 힘들고 배가 고프다며 자신의 컨디션을 표현했다.

"조금만 참아봐. 여기까지 왔는데 아무거나 먹을 순 없잖아. 아빠가 알아봤는데, 여기에 굉장히 유명한 황남빵이 있대. 경주까지 왔는데, 그 빵은 꼭 먹어야지. 안 그래?"

"싫어요. 나는 배가 고파요. 지금 먹고 싶어요."

"조금만 더 걸어가면 가게에 도착할 수 있어. 아빠는 우리 아들한테 경주의 명물인 그 빵을 꼭 먹게 해주고 싶어."

아빠는 칭얼대는 민준이의 팔을 잡아끌며 걸음을 재촉했다. 우여곡절 끝에 도착한 빵집은 대기 손님들이 이미 줄을 서 있어서 족히 30분 이상 기다려야 할 상황이었다.

"30분만 기다리면 된대. 기왕 왔으니 우리도 줄을 서서 기다렸다가 먹고 가자."

"싫어, 난 너무 배고파요. 지금 당장 먹고 싶어요."

"저기 다른 친구들도 잘 기다리고 있잖아. 넌 왜 그렇게 참을성이 없니?"

"몰라! 아빠 미워!"

민준이는 결국 참았던 울음을 터뜨렸다.

사례 속 민준 아빠의 모습에서 부모들이 흔히 저지르기 쉬운 실수 중 하나인 '부모 중심' 행동을 볼 수 있다. 만 3세의 아이는 "경주까지 왔으니 줄을 서서라도 경주 명물인 황남빵을 꼭 먹어야 해.", "기왕이면 시간이 걸리더라도 맛있는 걸 먹자." 하는 말을 온전히 이해하기 힘들다.

아이는 지금 배가 고프고 덥고 피곤하다. 그래서 아이가 현재 바라는 것은 가장 가까운 음식점에 들어가 시원한 에어컨 바람을 쐬며 음식을 배불리 먹는 것이다. 이러한 메시지는 무시한 채 아빠 위주의 생각만 강요하니 아이가 화를 낸 것이다.

더 큰 문제는 아이의 이런 행동조차 부모에게는 문제 행동으로 비치기 쉽다는 것이다. "넌 왜 이렇게 떼를 써?", "넌 왜 이렇게 참을성이 없어?"라며 결과만 두고 나무라게 된다. 처음부터 아이의 이야기에 귀 기울여주고, 아이의 입장을 존중했더라면 전혀 문제의 상황이 만들어질 여지가 없다.

몇 달 전, 친하게 지내는 학부모가 내게 고민을 토로해왔다. 아이가 계속 백설 공주 캐릭터가 그려진 원피스만 입고 유치원에 가려고 한다는 것이다.

"그게 무슨 고민이에요? 아이가 입고 싶다면 입게 하면 되죠."

"한 벌이니 매일 세탁을 해야 하잖아요."

아이 엄마는 세탁하기 위해서 옷을 세탁 바구니에 넣어두면 아이가 다시 그것을 꺼내와 입거나, 세탁 후 아직 마르지도 않은 옷을 가져와 입고 유치원에 가겠다고 하는 통에 매일 아침이 전쟁이라고 했다.

"그럼 같은 옷을 여러 벌 사 두세요. 그럼 매일 깨끗한 옷을 입을 수 있고, 아침마다 전쟁을 치르지 않아도 되잖아요."

"어휴, 그런 말이 아니잖아요."

엄마는 답답한 듯 한숨을 내쉰다.

"무슨 말씀이신지 다 알아요. 하지만 그건 엄마 기준의 생각이에요. 딸에게 매일 예쁜 옷을 코디해서 입히고 싶은 게 엄마의 마음이죠. 하지만 아이가 바라는 것은 그게 아니잖아요. 아이는 자기가 좋아하는 옷을 매일 입고 싶어 해요. 잘못된 행동을 고집하는 게 아니니, 아이 마음으로 생각해 주세요."

나는 아이의 안전과 건강을 위협하거나 남에게 해를 끼치는 일이 아니라면 가능한 아이 처지에서 생각해주고 따라주라고 조언했다. 나와 다르다고 해서 그것을 틀렸다고 말하는 순간 멀쩡한 내 아이를 문제 아이, 나쁜 아이로 만들어버리게 된다. 틀림이 아닌 다름이라면 어린아이라 할지라도 존중받아야 한다.

사랑한다면
한계와 규칙을
가르치기

Respectful Child Care

언젠가 마트에 장을 보러 갔다가 매장이 떠나갈 정도로 소리를 지르고 우는 아이를 본 적이 있다. 장난감 코너 앞에서 아예 바닥에 철퍼덕 앉아서 우는 것을 보니 원하던 장난감을 얻기 위해 떼를 쓰는 듯했다. 지나가는 사람들은 눈살을 찌푸리기도 하고 아예 귀를 틀어막기도 했다.

"너 또 이럴래? 엄마랑 장난감 사달라고 안 하기로 약속했어? 안 했어?"

"몰라! 사줘, 사줘!"

"이번이 진짜 마지막이야! 유빈이 너 한 번만 더 그랬다간 다음부턴 절대 마트에 안 데리고 올 거야."

엄마는 아이가 원하던 장난감을 카트에 넣고 얼른 자리를 벗어났다. 그 광경을 본 다른 아이가 자신의 엄마를 바라보며 얘기했다.

"엄마, 나는 지금 장난감을 안 사줘도 돼요. 장난감은 크리스마스 선물로 받기로 약속을 했으니까요."

"그래, 크리스마스 때는 네가 갖고 싶어 하는 △△로봇을 사주기로 약속했으니 그때까지는 집에 있는 장난감을 가지고 놀면서 의젓하게 잘 기다려보자."

"네!"

엄마와 아이의 성숙한 대화에 저절로 입가에 미소가 지어졌다. 아마도 평소 부모와 아이가 대화를 많이 나누었고, 이전에 떼를 썼더라도 엄마가 단호한 태도로 현명하게 잘 대처해 아이의 태도를 올바르게 이끌어낸 경우일 것이다.

영유아는 논리적이고 이성적인 판단보다는 제 마음의 소리에 더 강하게 이끌린다. 유빈 엄마처럼 아이가 떼를 쓴다고, 혹은 사람들의 시선이 따가워서 매번 아이의 요구를 들어준다면 아이는 엄마의 난처한 마음을 점점 더 이용하게 된다. 그러니 당장은 힘이 들고 마음도 아프겠지만, 부모는 내 아이가 올바른 태도를 갖출 수 있도록 아이의 행동을 바르게 이끌어줄 필요가 있다.

두 살 떼쟁이 버릇 평생 간다

"원하는 것을 얻지 못해서 아이가 좌절감을 느끼면 어떡해요?"

아이의 요구를 매번 들어주기도 쉽지 않지만, 그렇다고 무시하거나 거부하려니 부모는 아이가 마음을 다치게 될까 걱정스럽다. 부모들의 염려가 이해는 되지만, 그보다 더 큰 문제는 아이가 자신의 욕망을 통제하지 못하고 어떻게든 얻어내려 떼를 쓰는 것이 습관화되는 것이다.

만 2세가 되면 아이는 상위뇌Higher Brain인 전두엽의 발달로, 원인과 결과의 연결을 파악하는 능력이 생겨난다. 예를 들어, 아이가 울면 부모가 사탕을 주는 일을 반복하면 이 시기의 아이들은 '울면 사탕을 준다'라는 원인과 결과를 연결시켜 이를 활용할 수 있다. 즉, 사탕을 먹고 싶을 때 울음을 터뜨리는 것이다.

뭐든 얻고 싶은 게 있으면 일단 울고, 대충 울어서 요구가 받아들여지지 않으면 더 크게 울어본다. 더 크게 울어서도 안 되면 드러누워서 발버둥을 치며 소리도 질러본다. 점점 강도를 높이는 것이다. 이쯤 되면 엄마는 두 손을 들고 아이의 요구를 들어주게 되는데, 안타깝게도 이것은 한 번으로 끝나지 않는다. 이러한 경험을 한 아이들은 이후로 원하는 것이 생기면 습관적으로 '떼쓰기'라는 최고의 무기부터 꺼내 든다.

아이들의 머리에 이런 잘못된 공식이 입력되지 않게 하려면 부모가 분명한 기준을 가지고 아이의 행동을 단호하게 규제해주어야 한다. 다칠 위험이 있는 일, 남에게 피해를 주는 일, 건강을 해치는 일을 아이가 떼를 쓴다고 해서 허용해줄 수는 없다. 이러한 경우가 아니더라도 타인의 시선을 의식하거나, 아이의 떼를 감당하기 힘들어서 부모가 끌려가듯 허용해서는 안 된다. 평소에 아이와 함께해도 되는 행동과 해서는 안 되는 행동에 대해 충분히 대화를 나누고, 해서는 안 되는 행동을 할 때는 절대 수용하지 않는 단호한 모습을 보여주어야 한다.

아이에게 행동의 한계와 규칙을 가르치는 것은 이미 문제가 발생한 후에 교정하는 것보다 예방 차원의 교육이 더 효과적이다. 어릴 때부터 동화책을 읽거나 간식을 먹는 등의 편안한 분위기에서 사례 형식으로 이야기를 꾸며 지속적으로 들려주면 귀에 쏙쏙 들어오고 기억에도 오래 남는다.

이처럼 미리부터 행동에 대한 한계와 규칙을 교육하면 떼를 쓰는 일도 없을뿐더러 설령 떼쓰기를 한 번 시도해보더라도 엄마의 단호한 태도를 보며 빠르게 행동을 교정할 수 있다.

"만 2세가 되면 전두엽의 발달로 인과관계를 파악하고, '떼쓰기'의 힘을 알게 된다."
"떼쓰기 습관을 예방하려면 부모가 분명한 기준을 가지고 아이의 행동을 단호하게 규제해야 한다."

한편, 떼쓰는 것이 이미 습관으로 굳어진 아이는 행동을 반드시 교정해주어야 한다. 그러지 않으면 아이는 집을 벗어나 유치원이나 학교와 같은 공동의 영역에서도 원하는 것을 얻기 위해 울고 화를 내고 드러눕는 등의 옳지 못한 행동을 한다.

우선 문제 발생이 예상되는 장소나 상황에서는 미리 약속을 해야 한다. 위 사례의 아이처럼 장난감만 보면 자제를 못 하는 경우는 마트에 갈 때 미리 아이와 '장난감을 사달라고 떼를 쓰지 않는다' 하는 약속을 하고 가야 한다. 그런데도 약속은 온데간데없고 장난감 코너 앞에서 떼를 쓰는 아이에게는 '네가 아무리 떼를 써도 엄마는 절대 너의 말을 들어줄 수 없다' 하는 분명한 메시지를 단호하게 전달해야 한다.

많은 전문가가 공공장소에서 아이가 떼를 쓸 때는 얼른 아이를 데리고 그 자리를 벗어나라고 조언한다. '사람들이 많은 곳에서 떼를 쓰면 엄마가 창피해서 내 요구를 잘 들어준다.' 하는 공식을 '사람들이 많은 곳에서 떼를 쓰면 즐거운 나들이가 즉시 끝나버린다.' 하는 공식으로 바꾸어주는 것이다.

안 되는 것은 차분하고 단호하게

훈육에 있어 단호함이란 내가 말한 것을 아이가 따를 때까지 확고부동한 태도를 보이는 것이다. 그래서 "장난감 대신 과자를 사줄게.", "이 장난감은 너무 비싸니 저 장난감으로 사자." 하고 협상을 해서는 안 된다. 또 공공장소에서 아이가 떼를 쓰는 것이 창피해서

할 수 없이 요구를 들어주어서도 안 된다. 구구절절 설득할 필요도 없다. 아이는 이미 귀를 막고 있기 때문에 오히려 엄마의 이런 태도는 아이에게 '조금 더 크게 소리를 지르면 엄마가 내 요구를 들어줄 것도 같은데?'라는 여지를 줄 수 있다.

"너 지금 엄마하고 한번 해보자는 거야? 그래, 네가 이기나 엄마가 이기나 한번 해보자!"

부모 중에는 더러 그 자리에서 화를 내거나 소리를 지르며 아이와 기 싸움을 하는 경우가 있다. 아니면 제풀에 지치기를 기다리며 우는 아이를 내버려 두고 저만치 가버리는 경우도 있다. 이는 공공장소에서 남에게 피해를 주는 행동이니 바람직하지 못하다.

물론 공공장소가 아니더라도 아이의 떼쓰기에 화를 내거나 소리를 지르는 등 감정적으로 대처해서는 안 된다. 엄마의 화난 감정 때문에 문제의 본질을 벗어난 감정적인 대립이 되기 쉽고, 그 결과 아이의 행동 교정도 안 될뿐더러 마음에 상처까지 입히게 된다. 또 우는 아이를 제풀에 지치라며 내버려 두는 것도 바람직하지 않다. 아이가 울고 보챌 때는 많은 양의 스트레스 호르몬이 분비되는데, 이런 상황이 반복되면 예민한 성격의 아이가 될 가능성이 크다.

아이의 울음을 멈추게 하고 떼쓰기를 교정하기 위해서는 앞서 말했듯이 엄마의 단호한 태도가 필수적이다. 아이의 감정에는 공감하되, 행동은 분명하게 규제를 해주어야 한다. 안 된다는 말을 할 때도 '화'의 감정을 완전히 빼고, 낮고 차분한 톤으로 짧고 분명한 메시지만 전해야 한다. 왜 안 되는지를 설명해야 하는 상황이라면 이 또한 핵심만 간단하게 말하는 것이 좋다.

　이후 아이의 감정이 어느 정도 진정이 된 후에는 왜 아이의 요구를 들어줄 수 없는지에 관해 설명하고, 바람직한 방향으로 행동을 이끌어줄 대안도 함께 제시해주어야 한다. 위의 장난감 사례의 경우, '지금 너에게는 장난감이 아주 많기 때문에 네가 원한다고 해서 엄마가 사줄 수는 없다'라는 분명한 의사를 전달한 후, '네가 새 장난감을 사기 위해선 ○○○ 해야 한다' 같은 대안도 함께 제시해주는 것이다. 아이가 떼를 쓰는 상황에서는 타협하면 안 되지만, 이후 아이의 감정이 차분해진 상태에서는 대화를 통해 규칙을 정하거나 대안을 제시해 주는 것이다. 어떨 때 장난감을 사면 좋은 것인지, 아이와 부모가 함께 이야기하면 아이의 감정이 더 잘 정리될 수 있고, 떼를 쓰는 행동도 어느 정도 교정될 수 있다.

아이가 선택하고
참여하게 이끌기

"오늘은 뭘 입을지 아들이 한번 골라볼래?"

"싫어요, 엄마가 해줘요."

"이제 스스로 밥을 먹어야지. 언제까지 엄마가 먹여줄 수는 없잖아."

"싫어요, 엄마가 먹여줘요."

만 5세 현호는 외동인 탓에 어릴 때부터 엄마가 나서서 이것저것을 다 해주었다. 온순하고 차분한 성격이라 크게 신경을 쓸 일이 없어서 아이를 도와주고 챙겨주는 것이 엄마에게는 오히려 큰 즐거움이었다. 하지만 초등학교 입학을 앞두고도 아직 스스로 밥을 먹지 못하는 아이를 보며 엄마는 슬슬 걱정이 됐다.

"내가, 내가."

"안 돼. 네가 하면 흘리잖아. 엄마가 먹여주면 안 흘리고 반찬도 골고루 먹을 수 있으니 엄마가 해줄게."

그리고 보니 만 2세가 될 즈음에 현호도 스스로 해보겠다며 숟가락을 들던 때가 있었다. 하지만 너무 어려서 손의 움직임이 서툴렀던 탓에 여기저기 흘리고 먹기 일쑤였고, 보다 못한 엄마가 현호 대신 매일 밥을 먹여주었다. 늘 아이가 완벽하고 깔끔하기를 바라는 마음에 엄마는 현호를 대신해서 유치원 가방 챙기기, 옷 입기, 신발 신기 등 대부분 것을 해주었다. 그렇게 몇 년이 훌쩍 지나고 아이가 초등학교 입학을 앞둔 나이가 되자 엄마는 무슨 일이든 "엄마가 해줘."라고 말하는 의존적인 성격의 현호를 보며 자신이 그동안 너무나 큰 실수를 했다는 것을 깨닫게 되었다.

신발을 부탁해!

혼자서 충분히 할 수 있는 일인데도 늘 엄마에게 해달라고 하는 아이가 있다. 이런 의존적인 성향이 강한 아이는 주위의 평가에 예민해서 잘하고 싶고 완벽하게 하고 싶은 욕구가 강하다. 그리고 그만큼 실패에 대한 두려움도 커서 아예 시도조차 하지 않는 일들이 많다. 자신이 그것을 해서 혹시라도 일을 망치게 될까 봐, 실수를 하게 될까 봐 불안한 것이다. 이는 선천적인 기질일 수도, 위 사례의 현호처럼 부모의 양육 태도 문제일 수도 있다. 원인이 어디에 있든지 이런 아이의 태도를 개선하기 위해서는 엄마의 노력이 필요하다. 작고 쉬운 일부터 차츰 아이가 자신의 힘으로 할 수 있게 끌어주어야 한다.

내 아이가 의존적인 성향이 되는 것을 예방하거나 개선하려면 난이도가 아주 낮아서 쉽게 할 수 있는 일부터 시도하는 것이 좋다. 대표적인 것이 현관의 신발 정리이다. 신발의 짝을 맞춰서 나란히 두면 되는 일이니 어렵지 않게 해낼 수 있지만, 정리하기 전과 후의 현관 모습이 확연하게 달라지니 노력에 비해 만족감이 훨씬 더 크다.

"어머, 우리 아들이 신발 정리를 멋지게 잘한 덕분에 우리 집 현관이 새집처럼 깨끗해졌네. 정말 수고했어. 다음에도 또 부탁할게."

"네!"

신발 정리는 아이 개인의 일이 아닌 가족 전체를 위한 일인 만큼 아이의 마음속에 뿌듯함과 자신감도 자란다. 늘 도움만 받는 존재였던 자신이 가족에게 도움을 줄 수 있다는 것이 자랑스러운 것이다.

"이제부터 우리 집 신발 정리 담당은 우리 아들이야. 우리 가족을 위해서 신발 정리를 맡아줄 거지?"

아이가 신발 정리를 즐거워하면 아예 아이를 '신발 정리 담당'으로 임명하자. 가족 공동체 안에서 자신의 역할이 생기고, 그것에 책임을 다하려는 노력을 통해 아이는 자신감을 점점 키워나간다.

역할을 주어 책임감을 느끼게 하는 것 외에도 가족 구성원으로서 결정권을 행사할 기회를 주는 것도 아이의 자신감을 키워주는 데 큰 도움이 된다.

"저녁 반찬으로 갈치구이를 할까? 고등어구이를 할까?"

"다음 주에 할머니 생신이신데 생신 카드에 하트를 몇 개 그리면 좋을까?"

무엇을 선택해도 상관없는 일의 경우에는 아이에게 의견을 물어 선택권을 주는 것이 좋다. 아이는 가족이 맛있게 식사를 하는 것을 보며, 할머니가 생신 카드를 보며 기뻐하는 모습을 보며 자신의 선택이 사람들을 행복하게 해주었다는 생각에 자부심을 느낀다.

한편, 밥 먹기나 가방 챙기기 등 평소 엄마에게 의존하던 일들은 갑작스레 아이에게 "이젠 네가 스스로 해보렴."이라고 하면 두려움이 커져 거부감이 들 수 있다. 그래서 한꺼번에 모두 맡기기보다는 엄마와 분담을 하면서 아이의 역할을 점차 늘려주는 것이 좋다.

"반찬은 엄마가 올려줄 테니 밥과 국은 혼자서 먹어보자."

이때 아이가 음식을 흘리더라도 모른 척해주어야 한다. 가뜩이나 음식을 흘리는 것에 대해 예민한 아이에게 내색하거나 지적을 하면 더 위축될 수 있다. 그리고 아이가 약속대로 혼자 밥과 국을 먹었다면 "와, 우리 아들이 엄마와의 약속을 잘 지켜주었네. 고마워." 하며 약속을 지키고 책임을 다한 것에 대해서 칭찬을 한다. 단, "오늘은 많이 안 흘리고 깨끗하게 잘 먹었네."라는 평가의 말은 하지 않아야 한다. 평가가 들어간 칭찬을 들으면 아이는 다음에도 흘리지 않고 깨끗하게 잘 먹어야 한다는 생각에 부담감이 커진다.

가방을 스스로 챙기고 옷을 혼자 입는 등의 일도 위와 같은 방식으로 처음에는 엄마와 분담을 하고 점차 아이의 역할을 늘려 가면 된다. 자신의 역할이 늘어날수록 아이는 자신감을 되찾고, 제 일을 스스로 하는 자율적인 아이로 성장한다.

칭찬 먹고 쑥쑥! 격려 먹고 쑥쑥!

"우와! 우리 집 현관이 왜 이렇게 깨끗해?"

"아, 그거 우리 아들이 신발 정리를 아주 깨끗하게 해줬어요."

"그래? 우리 아들, 이제 다 컸네? 신발 정리하느라 고생했어요. 다음에도 또 부탁해요."

아이에게 자신감을 심어주기 위해서는 칭찬만 한 것이 없다. 엄마의 칭찬에 이어 아빠까지 신발이 나란히 정리된 것을 보고 기뻐하고 칭찬해준다면 아이의 어깨는 더 으쓱해질 것이다.

기어 다니던 아이를 우뚝 서게 하고, 한 걸음씩 앞으로 나아가게 하는 힘은 엄마와 아빠가 건네는 '잘한다.', '할 수 있다.'는 칭찬과 격려의 말이다. 칭찬은 아이에게 용기를 주고 자신감을 심어준다. 두렵고 자신이 없어서 엄마 뒤에만 숨던 아이를 조금씩 앞으로 나오게 하고, 그 누구에게도 의존하지 않고 스스로 걷도록 하는 것도 칭찬과 격려의 한 마디이다.

"신발도 이렇게 열심히 정리를 잘했는데 장난감은 또 얼마나 멋지게 정리를 잘할까? 정말 기대되는데?"

장난감 정리를 시킬 때도 "이젠 네 장난감을 스스로 정리해봐."라는 건조한 말이 아닌 따뜻한 칭찬의 말을 적극적으로 활용하면 아이의 자신감과 의욕을 제대로 살려줄 수 있다. 하기 싫어서, 혹은 잘할 자신이 없어서 그동안 엄마에게 의지했던 장난감 정리도 어느새 자기 일로 받아들이며 스스로 해낸다.

> "따뜻한 칭찬의 말은 아이의 자신감과 의욕을 살려 자율성을 키운다."
>
> "실수나 실패는 진심 어린 격려로 의욕을 되살려주어야 한다."

칭찬이 힘이 세다고 해서 만병통치 약은 아니다. 스스로 생각해도 칭찬받을 일이 아닌데 무작정 칭찬을 한다면, 아이는 진심이 담기지 않은 형식적인 말에 오히려 상처받을 수 있다. 예를 들어, 달리기 시합에서 꼴등을 한 아이에게 "잘했어! 네가 최고야!", "엄마가 볼 땐 네가 제일 빠르게 뛰었어."라고 한다면 그 말을 곧이곧대로 믿을 수 있을까. 이럴 경우에는 칭찬보다 격려가 훨씬 더 큰 힘을 발휘한다.

"속상하지? 엄마도 네가 속상해하니까 마음이 아파. 그런데 네가 포기하지 않고 끝까지 뛰어줘서 자랑스러운 마음도 커. 이번에는 좋은 결과를 내지 못했지만, 더 열심히 연습하면 분명 실력도 좋아질 거야. 엄마가 열심히 응원할게, 힘내!"

의존적인 성향의 아이들은 실패에 대한 두려움이 큰 만큼 예민한 기질을 가진 경우가 많다. 그래서 실수나 실패에 좌절하기 쉬운데, 이때 엄마가 따뜻한 격려의 말을 해주면 다시 도전할 용기가 되살아난다. 다시 해낼 수 있을 것이라 믿어주는 엄마의 격려가 아이를 일으켜 세우는 강한 힘이 되어주기 때문이다.

현명한 칭찬이
아이를 성장시킨다

모든 칭찬이 아이에게 약으로 작용하는 것은 아니다. 칭찬도 잘못하면 비난 만큼이나 나쁜 독으로 작용한다. 다음은 아이에게 칭찬을 할 때 주의해야 할 점들이다.

바로, 구체적으로 칭찬한다

아이가 칭찬받을 만한 일을 했을 때는 그 즉시 칭찬해주는 것이 좋다. 이때 단순히 '네가 최고야', '정말 멋져', '잘했어'라고 칭찬하는 것보다 구체적 으로 무엇을 잘한 것인지 꼭 집어서 얘기해주는 것이 좋다. "동생에게 책을 읽어주고 잘 놀아줘서 고마워. 엄마가 네 덕분에 힘이 나네."라고 칭찬해주 면 이후 아이는 동생에게 책을 읽어주고 함께 놀아주기 위해 계속 노력하 게 된다.

비교해서 칭찬하지 않는다

"네가 친구 중에 제일 똑똑해.", "언니보다 그림을 더 잘 그리네.", "○○보 다 잘했구나!"처럼 다른 사람과 비교하여 칭찬하는 것은 자칫 나 이외의 모 든 사람을 경쟁자로 생각하게 할 위험이 있다.

또, 주어진 과제 자체를 잘하고 싶다는 의욕이 아닌 ○○보다 더 잘하기 위 해, ○○을 이기기 위해 열심히 하게 되니 자연히 결과에 집착하게 되고,

결과가 만족스럽지 못하면 쉽게 좌절한다. 게다가 상대를 이겨야 칭찬을 받을 수 있다는 생각에 과정의 공정성을 중요하지 않게 생각할 수도 있다.

칭찬에 마음을 담는다

"잘했네."로 끝나는 단순하다 못해 건조하기까지 한 칭찬은 아이들에게 기쁨이 아닌 좌절감을 줄 수 있다. "뭐지? 엄마는 내 그림이 마음에 안 드는 걸까?"로 시작한 아이의 불안감은 "엄마는 내게 관심이 없어, 엄마는 나를 싫어해."로 확장될 위험도 있다. 칭찬을 할 때는 마음을 한껏 담아야 하고, 그 마음을 아이가 잘 느낄 수 있도록 충분히 표현해야 한다.

결과가 아닌 과정과 변화를 칭찬한다

"우와, 달리기에서 1등을 했어? 우리 아들 정말 멋진데!"라며 결과를 칭찬하면 아이는 달리기에서 1등을 하지 못했을 때 주눅이 들고 의기소침해진다. 게다가 1등을 못했으니 자신은 더 이상 멋진 사람이 아니라고 생각하며 자괴감에 빠질 수 있다.

이에 비해 "우와, 매일 달리기 연습을 열심히 하더니 좋은 결과가 나왔네. 열심히 노력한 우리 아들이 엄마는 정말 자랑스러워!"라고 결과가 아닌 열심히 노력한 과정을 칭찬하면 아이는 자신이 최선을 다한 일에 대해선 결과가 나쁘더라도 크게 실망하지 않는다.

에필로그

큰 그림을 그리고
여유롭게 접근하라

Respectful Child Care

"과연 우리는 잘 가고 있는 것인가?"

언젠가 '4차 산업혁명 시대'와 관련된 책을 읽고 공부를 하다가 문득 불안감에 휩싸였다. 내 손녀들을 비롯해 현재 내가 가르치고 있는 아이들이 살아갈 30년 뒤의 세상은 그간 우리가 철석같이 믿고 있었던 성공 방식이 완전히 무너진, 전혀 새로운 세상이 펼쳐질 것이다. 더군다나 경쟁해야 할 대상이 인간이 아닌 기술이다 보니 그들의 힘과 발전 속도를 예측하기조차 쉽지 않다.

전문가들은 2030년이 되면 현재 일자리 중에서 20억 개가 사라지고, 직업의 47%는 인공지능을 비롯한 기계가 대체할 것이라고 예상한다. 특히, 인공지능, 빅데이터, 기술 혁신 등으로 인해 이전까지 인간의 영역으로만 인식되던 전문직조차 무너지게 되니 남들보다 높게 쌓아 올린 지식과 기술도 더 이상은 방패 역할을 해내지 못한다.

불과 10여 년 뒤만 해도 이런 엄청난 변화가 찾아오는데, 현재 영유아기를 보내는 우리 아이들이 성인이 되어 이끌어 갈 30년 뒤의 세상은 과연 어떤 모습일지, 상상하는 것조차 두려워진다. 예측조차 힘든 격변의 시대를 맞게 될 우리 아이들에게 과연 어떤 길을 안내해야 하는지 부모들은 막막하기까지 하다.

"부모들이 30년 뒤의 세상을 먼저 알아보아야 합니다. 그래야 우리 아이들을 올바른 방향으로 안내할 수 있습니다."

고민 끝에 나는 당장 할 수 있는 것부터 해보기로 했다. 유치원 학부모님들과 함께 하는 독서 모임을 만들고, 다양한 분야에서 필독서를 선정하여 책을 읽고 생각을 나누어 보기로 했다. 현재의 영유아들이 30년의 세월을 지나며 미래 인재로 잘 성장하기 위해서는 아이들의 양육과 교육을 맡은 부모들이 30년 뒤를 내다보는 장기적인 시야를 갖출 필요가 있었다. 미래의 세상을 예측하지 않으면 아이에게 도움을 주려야 줄 수가 없다.

더불어 나는 아이가 30년 뒤의 미래 인재로 활약하기를 희망하는 부모들에게 육아와 교육의 친절한 길잡이가 될 만한 책을 출간하기로 했다. 이미 무너져버린 'SKY'라는 성공 공식에 목매며 당장의 성과에 일희일비하는 것이 아닌, 내 아이에게 오래도록 쓰일 참 역량을 키워줄 수 있도록 돕기 위해서다.

'가장 한국적인 것이 가장 세계적이다.'라는 말이 있다. 나는 이 말이 고도의 인공지능 로봇들과 경쟁해야 하는 우리 아이들의 미래에 그대로 적용될 수 있다고 본다.

"가장 인간적인 것이 가장 뛰어난 것이다."

인공지능, 빅데이터와 같은 기계와 경쟁해야 한다면 그들이 결코 흉내 낼 수 없는 인간 고유의 능력을 키우는 데 집중해야 한다. 전문가들 또한 자존감, 공감 능력, 창의력, 사고력, 협업력, 유연성, 도전 정신 등 인간 고유의 능력을 미래 인재의 필수 역량으로 꼽는다. 기계가 입력된 데이터에 의해 더 빨리, 더 정확히 결과를 도출하는 것에 집중한다면 인간은 타인과의 소통과 협업을 통해 기존에 없던 전혀 새로운 가치를 만들어내는 데 주력해야 한다.

30년 뒤의 세상에서 내 아이가 꿈을 펼치며 행복하게 살아가기 위해서는 인간만이 가진 고유의 능력을 제대로 키워내야 하고, 이를 위해서 부모는 큰 그림을 그리고 여유롭게 접근하면서 아이의 잠재적인 재능을 키워나가야 한다.

아이의 재능은 현재가 아닌 30년 뒤에 쓰일 소중한 자원이다. 인공지능 로봇과 경쟁하며 살아가야 할 미래 세상에서 확실한 자리를 구축하려면 당장의 속도나 성과가 아닌 장기적인 전략이 필요하다. 그 무엇에도 흔들리지 않는 굳건한 철학과 뚝심이 있는 부모만이 아이의 30년 뒤를 준비할 수 있다.

아이들의 잠재력을 꽃피우고 행복한 미래를 준비하는데 나의 글이 귀한 거름으로 쓰이길 희망하며, 부모들의 힘찬 걸음에 나의 진심 어린 응원을 보태어 본다.

참고도서

김영훈, 『닥터 김영훈의 영재 두뇌 만들기』, 베가북스, 2008.

루스 P. 뉴턴, 전제아 역, 『행복한 3살』, 프리미엄북스, 2009.

빌게이츠 시니어, 메리 앤 매킨, 이수정 역, 『빌 게이츠는 어떻게 자랐을까?』, 국일미디어, 2015.

새벽달(남수진), 『엄마표 영어 17년 보고서』, 청림라이프, 2016.

이지나, 『엄마표 다개국어』, 지식너머, 2018.

정지은, 김민태, 『아이의 자존감』, 지식채널, 2011.

질 스탬, 유혜인 역, 『아이의 두뇌는 5세까지 준비하세요』 예담프렌드, 2018.

천근아, 『엄마, 나는 똑똑해지고 있어요』, 예담프렌드, 2016.

최희수, 『푸름아빠의 아이 내면의 힘을 키우는 몰입 독서』, 푸른육아, 2014.

트레이시 커크로, 정세영 역, 『최강의 육아』, 앵글북스, 2018.

황준성 외, 『아이의 정서지능』, 지식채널, 2012.